Green Gold

The Empire of Tea

この本を読むことは決してないであろう人々、アッサムの茶労働者たちに捧ぐ

アラン・マクファーレン
アイリス・マクファーレン

GREEN GOLD

茶の帝国

—— アッサムと日本から歴史の謎を解く ——

鈴木実佳訳

知泉書館

日本語版への序

私が母アイリス・マクファーレンと共に書いた『茶の帝国』を日本の読者に紹介するのは格別の名誉であり喜びである。私の本の多くが日本語に訳されているが、茶と日本はたいへん深いつながりがあるので、本書はある意味で日本の読者に最適である。

私は茶農園主の息子だ。私の父はインド北東部のアッサムで働いていたので、茶園で二〇年近くを過ごした母の人生だけでなく、私の人生も茶と緊密な関係をもっている。けれども、おかしなことではあるが、日本を訪ね、日本の歴史と文化を学ぶまでは、私は茶に対して本当に関心をもったことがなかったし、世界の歴史で茶が果たした重要な役割を理解していなかった。私の日本との出会いが、より鮮明に茶というものを見るのを助けてくれた点について（これについては、刊行予定の私の著書『鏡の国の日本』（*Japan Through the Looking Glass*, Profile Books, *2007*）で詳しく述べているが）、ここでは四点述べておこう。

第一は健康との関連だ。日本が一四世紀以来多くの水が媒介する感染症から比較的自由だったのは何故か、そして一八世紀末に諸都市が急速に成長したとき、都市の発達にふつうは伴う病気の増加をイングランドが避けられたのは何故か、ということを考えていた一九九四年、重要なヒントを与えてくれたのは日本だった。抹茶と仏教の臨済宗を日本にもたらした栄西禅師が一二世紀に書いた書を私は読んだ。これは、『喫茶養生記』という二巻本で、腹の病を治すのに役立つ茶の苦味の薬効成分が説明されていた。

このヒントを得て、私は茶の成分を調べた。茶の固形成分の多くは茶タンニンだとわかった。化学者にはこれはフェノール成分として知られ、赤痢、腸チフス、コレラの病原菌を滅する。ということは、茶を淹《い》れるために湯を沸かすことだけでなく、茶に含まれる化学物質も、深刻な水媒介疾病から人を守っていたのだ。後に、主に茶の薬効に関する日本の研究のおかげで、喫茶が人間の健康に及ぼすその他の影響の多くがわかってきた。ある種の癌、心臓病、卒中、虫歯、視力低下、(本書一三章や私のウエブサイトで示しているような)その他多くの不調は、茶で癒されることがわかった。

私にとっては、身近なもので何ということはない茶葉が、地球上で最も重要な薬効成分を含んでいること、健康維持を助けるペニシリンやキニーネや朝鮮人参その他の薬よりももっと重要な成分を含んでいることに日本が気づかせてくれた。端で言えば、茶は空気と水に続いて最も多く使われている物体であるという事実が、その影響を計り知れないものにした。中国の文献や栄西以来の日本の書物はこれを認識していたが、私が偶然に日本との接触で明らかにするまでは、欧米ではこの認識は大方忘れられていた。大都市と比較的健康な労働者は、どちらも最初の産業革命にとって必要な礎であったが、人口の集中と水の汚染は普通非常に高い死亡率につながっていたので、茶がなければ、どちらも維持できなかっただろう。私たちの近現代における産業世界は、茶があってはじめて可能になった。

近代産業主義がどのように現れたのかという謎を解こうとしていたときに、妻と私はイギリス・ケンブリッジ近くの私たちの庭に日本式茶室を造っていた。茶室と茶庭の哲学についての本を読み、初めて日本で茶会に出て、イギリスにある茶室でも茶席をもつ喜ばしい機会を得て、日本的経験により、前には考えつかなかった別の領域が開かれた。茶の儀式的儀礼的重要性を意識するようになった。

もちろん、イギリスのティー・パーティにはよく臨席したが、そういうのはまったく社交的場面で、エチケットはかなり限られている。特に、茶を淹れたり供したりすることにはさほどこだわっていない。日本の茶会に参加して、コーヒーやワインやその他の飲料と違って、茶は少しの間そのままにして待っていなくてはならないものであるという事実、準備される間待たなければならない事実が、深遠な効果をもたらしていることに気づいた。茶の支度にかかる時間は、その間に、形式化した、儀礼的行動に凝ることを許す。日本の読者は、道具の込み入った複雑な配置と用途のこと、意味深いちょっとした動き、音、言葉を理解しているだろう。私のような部外者にとって、茶席全体が宗教儀礼のように感じられる。しかし、神あるいは神々はおらず、その場の厳粛さと親交のみがあるということを私は常に確信した。

日本のような秀でた国の社会生活、経済生活、政治生活で、茶のようなシンプルな飲料がどのようにして一体化の中心的絆となることができたのか私は理解し始めた。茶が、日々のストレスの多い生活から人々を静穏な瞑想の一瞬へ連れ出す。束の間の静寂、時を越えた無限の感覚、平等な感覚、見知らぬ人どうしであってさえ共有する深い親密な感覚、こうしたものを茶がどのように創出するのか私は感じ始めた。

飲食物を供するにあたって最も形式化して精妙な工夫をもった日本の茶道のおかげで、ロシア、トルコ、イギリスといった他の文化でも、茶が社会的媒体として働き、階級やジェンダーや年齢の関係に予想外の効果を持つことに気づいた。喫茶の導入は、、日本の中世末期のように、イギリス一八世紀の社会革命をもたらしたと私は考え始めた。日本で幸いにも経験した誇張された形がなければ、こういうことがわかったかどうか疑問だ。

茶室、茶陶、茶道具の研究を通して、茶文化が文明の美的価値観に大きな影響を与えたことにも気づき始めた。新たな仏教宗派の出現、中世後期の日本美術の清浄な極微の美学の登場、喫茶の普及、これらは結びついていた。茶や、俳句や和歌、精巧な陶器、簡素な建物への情熱は、すべて関連している。こうしたことがわかってみると、今度は、私の祖国イングランドで、そんなに顕著ではないにしても同じような効果があったことがわかってきた。

一八世紀に茶が人を惹きつけるようになったとき、食事の性質や時間の変化や、（特にウエッジウッド社の）陶磁器、様々な工芸、独特の銀細工や家具製造、詩やその他の芸術に大きな影響を与えた。

有名なロンドンの喫茶庭園では、ヘンデルの音楽、ポープの詩、初期啓蒙思想が茶と一緒になって、より私に訴えかけるようになり、より深く理解できるようになった。それで再び、日本での私の経験から敷衍して、形・型・機能に関する人々の感覚や美意識を茶がどのように変化させたのかがわかり始めた。

芸術と思想における茶の役割についての私の理解が深まることに最も強い影響を与えたもののなかの一つが、エドワード・モースの著作だった。彼は『日本人の住まい』と『日本その日その日』で、茶の作用に関する多くの示唆を与えてくれている。モースは、茶碗の目利きで、日本の陶磁器に関する仕事が広く知られている。彼とその他の訪問者たちが気づいたことが、私を思考に誘った。

欧米からのたくさんの訪問者たちが、小さな水田や日常生活のいろいろな場面での日本人の驚異的な勤勉ぶりに注意を払った。日本人は、野菜と少量の魚というとても簡素な食事で、比較的やせた岩石の多い土地の非常に人口密集した地域から生計を支えるものを産出する超人間的強靭さをもっているように思えた。日本人の食事は、茶を常飲することで補われていると訪問者たちは書きとめた。茶をちょっとすすってから、日本人は男も女も、何時間も続けて、物を持ち上げ、押し、鍬を入れ、際限なく骨の折れる労働をした。茶の化学物質含有量を調べるにつれ、五〇〇以上の化学物質の構成要素のなかで、その多くはまだあまり解明されていないのであるが、茶は人間の集中力、記憶力、身体の筋肉を調和させる能力に非常に積極的に働く物質を含んでいるということを私は認識し始めた。

禅宗開祖としての栄西は、茶が効能をもっていることに気づいて以来、このことに関心をもっていた。緑茶一杯は、精神のくもりを取り去り、永遠を見つめることを可能にする効能において、一時間の瞑想に匹敵すると禅師たちが言った。茶はまた、思考に疲労したり行き詰った場合に助けてくれる。京都や鎌倉、日光そして日本のその他の地の、精巧な神社仏閣で、私はこの浄化と爽快さを経験した。現代の研究で、合図に反応する、コンピュータを使う、画面を見るといったさまざまな仕事をするように指示された人々を比較すると、水やカフェイン含有飲料を飲む人々よりも、茶飲用者が平均して二〇パーセント効率が良いという結果が後にわかっても私は驚かなかった。茶が、関連付けを早め、記憶を促し、スタミナを増し、集中力を高める助けとなっている。最近では私は学生たちに試験の前に茶を飲むことを勧めている。自信をつけ、不安を縮小させてくれるからだ。

茶の生理的効果に関する研究も同様に重要だ。筋肉がより良く働くことを助け、疲労を抑え、活力を与える物質が茶に含まれている。その結果、茶は、特に寒地で食糧の十分でない人々にとって、激しい労働をする能力に非常に効果があると多くの人が主張するだろう。これについては、水田で働く日本人に関して私は最初に気づいたが、茶が同様の影響を及ぼした中国にもこれを当てはめるのは自然だった。

刺激的でありながら鎮静作用をもち、活性化させるとともに和らぎを与えるということは、同様に西洋文明でも重要だと私が気づいたのはあとになってのことだった。第一次世界大戦の激しい戦闘で、塹壕のイギリス人兵士たちは茶で持ちこたえた。第二次世界大戦での森林地帯の戦闘で、軍隊は茶に非常に依存して行軍した。同様に、一九世紀イギリスの悲惨な工場や鉱山で、茶が広く飲まれ、それは必要不可欠だった。長時間にわたって、複雑な綿織物機械の番をしたり、石炭鉱山にもぐって働いたりすることは、お茶休憩でやっと耐えられるものになっていた。集中力が途切れると、腕を切断する怪我を負ったり崩落事故になりかねなかったが、茶のおかげでありがちなことにはならなかった。

喫茶は、世界各地の労働力に作用して、巨大な経済的影響を与えたと結論しよう。日本では、一六世紀以来の集約的稲作に関わる農業革命を可能にし、世界で最も勤勉といってよい労働者を支えた。イギリスでは、茶は世界で最初の産業革命の背後にある過酷な労働に不可欠な支柱となった。

空を見つけたのは鳥とは限らず、水をみつけたのは魚とは限らないと孔子が言ったと伝えられている。茶農園主の息子と未亡人は、「茶の帝国」の巨大な拡がりと力を発見しそうになかったかもしれない。私たちが発見したのは、そして特に、これまで十分には認識されていなかった劇的な医学的、儀礼的、美的、経済的作用に気づいたのは、偶然だった。この発見は、私の日本との出会いが可能にした。私は一九九〇年に初めて日本を訪れ、以来五回訪ねている。

二千年にわたる日本の文明を理解しようとすることは、私の次の書物へとつながり、再三再四私は茶に向かった。傍にあるがゆえに見えなかったものを見せてくれた。つまり、日本とイギリスという二つの大きな喫茶諸島での茶の役割だ。私たちは茶で結ばれている。今日如何に世界全体が茶の帝国の一部となっているのか、本書が少しでも読者の理解に役立つよう願っている。東ヒマラヤ奥地の小さな植物が世界を征服し、その成功によってすべてが変わったのだ。

アラン・マクファーレン

茶の帝国　目次

図版目次

はじめに

この書物を書いたのは、茶農園主の未亡人であるアイリスとその息子である私アランである。二つの視点と二つの論点がある。私が書こうと思った問題を以下に記しておこう。母が問おうとした問題については、第一章に記す。

この本を書き始めたとき、私の頭には共通点のない謎や記憶が、まるで隣合わないジグソーパズルのピースのようにばらばらにあった。私は一九四一年にアッサムのシロンで生まれた。そこは茶がインドで最初に発見された地域の中心地であった。アッサムの茶園での記憶、茶農園主の息子としての私の子ども時代の記憶は曖昧だ。茶畑が見渡す限り広がっている記憶、ジープに乗って茶畑から茶畑へ行く記憶、どれも判然としない。大量の茶と古い攪拌機でいっぱいの作業場のにおい。美しい花と手入れの行き届いた芝生に囲まれた大きな涼しげな家。山のなかの川に行って泳いだり釣りをしたり、冷たいカレーを食べたこと。ポロを見たりテニスをやりに行ったクラブ。

この五歳くらいまでの記憶はすべて体験したときに得たものではなくて、実は、イングランドの寄宿学校に行った私が十代になってからアッサムに二度戻ったときの記憶なのであろう。なかでも特に、豪勢な暮らしと測り知れない貧困が隣り合わせのカルカッタで受けたショックを覚えている。ひどいスラムで暮らす人々の生活を改善するためにここに帰って来ようとある日私は誓った。しかし、私に高価な教育を与えるための富を提供した労働者や使用人の生活については、私は何も覚えていない。私の特権的な子ども時代の周縁に存在したのに。幼かった私にとっては、彼らの人生について思索することなど思いもよらぬことだった。そのころは、茶産業がどのようにしてアッサムにやってきたのか、何故イギリス人が牛耳っているのか、あるいは何故茶が農園で育てられているのかなど、考えてみたこともなかった。この書物は、問われることのなかった質問にたいする答えを探すという役割ももっている。

二〇代になった私は、研究のためにインドに帰ろうとしたが、政治的理由でアッサムにいくことができなかった。そこで、ヒマラヤに位置する隣国ネパールに行って文化人類学者として仕事をし、民族的に近いグルン族を調査した。その地で、イギリス軍の有名なグルカ連隊の兵士として茶園と周辺の丘を警護していた人々の生活を研究した。

心はアッサムに、しかしアッサムに帰る機会を得ることなく、ネパールのナガ族の歴史と文化を五年間研究した。この研究によって得たものは、更なる謎だった。なぜイギリスは帝国を北東部のこんなところまで広げたのか。何故イギリスはナガの山岳まで手を広げ、それによって何を得たのか。私の研究は茶園の周縁をぐるぐるまわっているようで、この現象の核心にあってわからないものに茶園そのものの存在を加えただけであった。

一九九〇年に私は日本を訪問し、それに続く計四回の訪問をきっかけに日本の古くからの文明を文化人類学研究の一部として理解しようと努めるようになった。日本での最も印象的な記憶のなかには、日本の文化における茶の中心的位置がある。いつでも茶をすすめられ、宗教にも陶芸にも生活のあらゆる部分に、茶の幅広い影響がみられる。茶会に出たり、茶室を訪れたりすると、茶がいかに重要なものであるかよくわかる。日本を理解しようとすることで私は宗教や美学の書物を読むようになり、そこから茶というのは、以前に私がいつも思っていたようなただの温かい飲み物ではなく、それ以上のものであることがわかった。日本人は、茶をほとんど神々しいばかりの効能をもった薬とみている。茶は特別なのだ。茶が日本の文明にそのように多大な影響を及ぼしたとしたら、他の土地でも同じようなことが言えないか？　広大に広がる私の子ども時代の緑の木々を説明してくれることにならいか？

こうした明確な形をもたないアイディアと経験が私の脳裏にあって、一九九三年、私は産業革命の起源の問題を再度考え始めた。一八世紀に、驚くべき、前代未聞の文明が西洋に現れた。何故イギリスで最初に起こったのか。何故この時期に？　そもそも起こったのは何故か。

一九九四年の夏にケンブリッジ州の庭に茶室を作り、頭の中で謎を反芻しながら、それへの答えは私の子ども時代の茶の木にあるのではなかろうかと私は自問し始めた。答えは、喫茶の発展に見つかるのではなかろうか?

このことを思いついたら、すべてが明らかであるように思えた。一七三〇年代から茶がイギリスに流入した。そして人々に広くいきわたった。このことは、飲料水が媒介する病気が主たる死因ではなくなったのと同じくらいの時期に起こっている。茶を淹れるために湯をわかすと、水のなかの有害なバクテリアがほぼ死滅する。人々に安全な飲み物が提供されたわけだ。ここではこのくらい言っておけばいいであろう。

しかし、更に謎がある。まず、中国でも日本でも、茶論を書いた人は、そしてまたヨーロッパに茶がもたらされたときに茶を研究したヨーロッパの医者も、茶には、人間の健康に良い何か特別なもの、その苦味に現れる有益な物質、しぶい「薬効成分」があると確信していた。これが本当であれば、他の謎も解決してくれるであろう。たとえば、母乳で育てられている乳児が、乳児本人は茶を飲まなくとも、徐々に下痢をしなくなったのは何故か、など。何であるかはいざ知らず茶に含まれる物質により母乳を介して乳児は守られていたのではないか。調べてみるとどうやらそうらしい。また茶の「タンニン」というのは実はタンニンではなくて、強い消毒及び抗菌作用のある物質である。

このことは、母と私がこの本を書き始めたときに私の頭にあった疑問の山のなかの一角に過ぎない。

どのようにして茶は発見されたのだろう。なぜ茶はカフェイン、フェノール成分、フラボノイドといった特別な物質を含むのか。どのように、そしてなぜ茶は世界に広まったのか。茶はどのようにイギリス人の生活にとってこのように重要な位置を占めるようになったのか。茶の生産は、茶産業で働く人々やその近隣の人々にどのような影響をもたらしたのか。茶を受け入れた文明にどのような影響を与えたのか。茶の普及とそれに伴う偉大な文明（例えば中国、日本、イギリス）の興隆の間に大きな繋がりがあったのか。茶についてうたわれる健康に良いという効果はどこまで本当なのか。

この本での私の役割は、私自身の過去と私の家族の過去についての私の探究の中に、上に述べたような断片をはめ込んでいくことである。私の一族は、何代にもわたって茶にもアッサム地方にも深い関わりをもってきた。私のもう一つの役割は、私たちが生きている世界の形成に大きな貢献をしたもの〈茶〉を理論的に探究することだ。ちっぽけなパズルと誰も気にもとめないような葉として始まったものが、この話の中では、歴史的探究をやめられないものにし、そして歴史的にみても際立つ、人をひきつけてやまない飲み物となった。

アラン・マクファーレン

謝　辞

本書もまた多くの友人、同僚、その他の皆さんに助けていただいて大いに豊かな内容をもつことになった。ケンブリッジ大学キングス・カレッジのミシェル・シャファー、H・B・F・ディクソン、トリニティ・カレッジのデレク・ベンドルが生化学に関する事項確認を助けてくれた。クリス・ベイリー、マーク・エルヴィン、ブライアン・ハリソン、ディヴィッド・スニーズは歴史及び文化人類学について助言をしてくれた。リペニ及びクリスティーン及びディラング・ルンガロングがカルカッタを案内してくれた。シン夫妻、リリー・ダスとスモ・ダスがアッサムについて話してくれた。バブス・ジョンソンはアイリス・マクファーレンのアッサムへの旅に同行してくれた。ブリニー・リスターはインド省図書館でのリサーチを助けてくれた。ヒルダ・マーティンは変らぬ支援（とお茶）を提供してくれた。リリー・ブレイクリーは茶と母乳の関わりについて洞察を与えてくれた。ディヴィッド・デュガン、イアン・ダンカン、カルロ・マサレラは茶席の撮影及び考察に力を貸してくれた。アンドリュー・モーガンとサリー・デュガンが本書を注意深く読み通し、優れた助言を与えてくれた。ケンブリッジ大学で科学史科学哲学の学位論文を書いていたエリザベス・ジョーンズは、本書を二度通読し、有益な論評をしてくれた。特に第5章に、彼女による提案から多くの引用を組み入れた。イブリー社では、ジェイク・リングウッド、クレア・キングストンをはじめとして皆さんが本書を生み出すのを支えてくれた。とりわけ、サラ・ハリソンとゲリー・マーティンが何度も精読し議論を重ねて本書に貢献してくれた。そして勿論、何千年にもわたって茶の製造に人生を捧げてきた数え切れない人々がいて、この本を献ずるのもその中の一握りの人々だ。こうしたすべての皆さんに深く感謝したい。

茶の帝国

――アッサムと日本から歴史の謎を解く――

アイリス・マクファーレンと子どもだち，アッサム，1950年

第一章　イギリス人女性の記憶

私は、植民地主義的なたわごとに囲まれて育った。「あちらのインドには」、どうしようもなく劣等の浅黒い人々がいて、運の良いことに我々によって治められているという感覚である。私が過ごした寄宿学校では、世界の大半を占める大英帝国のピンク色にぬられた部分を誇りをもって眺めた(1)。生まれてからこのかた、東洋人は従う人種であると決まっているのだという前提を身につけてきた。インド式の考え方とでもいうものがあり、それは全亜大陸で共有される不変のものであった。

両親も、祖父母も、叔父たちも、兄弟も、あちらのインドに行っていて、誰もがライフルやポロの打球槌や仕留めた虎によりかかって、眩しそうな顔をして偉そうに写真におさまっていた。女性たちは、船のデッキチェアでくつろいだり、輝くばかりの馬に横座りして、つばの広い帽子にかわってトーピー帽をかぶっていた。ターバンをまいた男たちが手綱をとっているので、彼女たちは熱帯の樹木がつくるまだらの日陰を涼やかに進んだ。

小さな乗馬ズボンをはいてロバにまたがった少年たちのまわりには、男たちがいた。こういった写真に写っている親類縁者たちの周囲には、使用人が数多くいて、従順に仕えていた。あちらのインドでは、一家の男たちは陸軍にはいり、グルカ隊の将校になるのが普通だった。そこでは彼らは白人の将校たちに信仰とまでいえるほどに強い愛着を覚えるものとされていた。女の子たちは、楽しんでそして結婚していった。実際、インドは、あまり才気煥発とはいえないような子、太めの子、吹き出物だらけの子、ただただ結婚相手を見つけられない子のお払い箱だった。

勿論、私たちはそんなふうには思っていなかった。インド人たちは、私たちがいるので幸運であり、学者や宣教師、事業家、兵士、教師となって知的権威をかざしてやらなければ何もわからないのだと信ずるように教育された。男たちは、デボン州ウエストウォード・ホ！の連合軍務校や、同類のパブリックスクールで学び、「現地人に公正に」振舞うことをたたきこまれた。一八一五年から一九一四年までの間に、地球表面の八五％が植民地化されたので、多くの現地人と接触があり、バルフォアのように「我々のもとで、彼らは世界史上に類をみない良い政府をもっている」と声を大にして述べる政治家もいた。ステレオタイプが横行し、常にそれは増強されていた。ヨーロッパ人は、「深くしみついた知性」を持った「生来の論理学者」であって、「滅私の支配者」であり、白人、男性、金持ちだった。インド人は、誰も彼も「だらしなく」、王族以外は、皆貧しかった。

花嫁学校についてこのようなたわごとを頭にいっぱいつめこんで、私は一九三八年に、私の荒削りなところを丸く磨き余分な体重をそぎ落とすために、あちらに出掛けていった。私は一六歳で、母が長いパーティにいくようなものだと言ったインドでの生活に入っていった。私の希望と信念は、数年後には痩せて冷静になり、イギリスに帰って、大学にいくことだ。母は、まったく違って、「ストラスネイバー号」に踏み込んだ瞬間から嫁入り道具のことを考えていた。インドには、妻を娶りたい中年の男性がどっさりいて、「みかけ」にはこだわらず、もしかしたら娘の頭が良いことも受け入れてくれるかもしれないと思ったのだ。ヘンリー・ジェイムズ型の世界に生きる私の母のような縁結びおばさんたちからみれば、頭がいいことは娘にとってはとんでもない不利益だった。

私の父は、常駐地軍管区に配属されていた。私たちが住んだ駐在地は、混沌の海の中にあって、整頓清潔のオアシスだった。インド人たちは、ごたごたしたところに住んでいて、これは「だらしない」ことの一部だった。私たちは、白い柵、白く塗られた木々、門、ドア、すべてが繰り返し白く塗装されたものに囲まれて暮らした。これは私たちの肌の色の優越性を象徴するものだったのだろう。私たちは、白い住宅に住み、周囲にはマリーゴールドやペチュニアや赤いサルビア（以来私はこういう花が大嫌いだ）が育ち、中心には、テニスコートとゴルフコースを備えたクラブがあった。教会と病院があったが、店はなかった。毎朝、コックが市場にでかけていくので、母は、「奥様の家計簿」に彼が買うものを書きこんだ。安いものばかりだったが、コックがいう金額はいつも疑わしかった。インド人は、「油断ならない。」この語は、彼らが、嘘つき、ごまかし、生意気にもずる賢い行動をとることに抗えないことを意味した。

駐在地には、一連隊か二連隊駐屯し、政府の役人、警察、森林部、医者、物資供給を手配する英国陸軍軍務隊がいた。目につかないところには、有色人種で他の階級の人々と劣ったクラブを共有する鉄道作業員がいた。暑い時には、下級スタッフと下級の鉄道労働者以外は、丘の上に移動した。

丘陵地には、湖があり、ボートクラブが社交の中心となって、厳しい上下関係が保持された。頂上には、広々とした緑地に囲まれた宮殿のような豪奢な家に、総督がいた。それより少々小さな豪邸には、東地域担当の将官がいて、粗野なからかいに反応しない者に対して荒っぽい振舞いをしていた。将官は、自分の息子を専属副官として雇い、自分の娘をハウスキーパーとしていた。私たちは、こういう有力者たちの招待を受けなければならなかった。地位を確固としたものにするために。席順も重要だった。インド支配は徹底的に俗物的だった。インド医療協会の医者たちは、王立インド陸軍医療隊の医者よりも高い地位にあり、総督か総督夫人の近くに座ることができた。私はいつも末席で、専属副官の隣だった。専属副官は、常にかっこいい騎兵将校で、金のモールとピカピカのブーツと拍車で飾り立てていた。テニス・パーティ、ゴルフ試合、夕のダンスで明け暮れる生活は、私の一七歳の誕生日のすぐ後の九月に戦争が勃発してもあまり変わらなかった。一方で、早くイギリスに帰りたいという私の望みはつぶれた。けれども、誰も戦争が長く続くとは思っていなかった。ダンケルクやドイツを迎え撃つイギリス空軍の戦いのことを無線で聞き、この地でも必要になるかもしれないと思って包帯の用意をした。大隊が訓練のためにやってきて、駐在地は軍服姿の若い男性でいっぱいになった。私が一八歳のときに、その一人が求婚し、母は安堵のため息をついた。

平時には、彼は茶農園主であって、ちょっと残念なことと受け取られた。私の家では実業家というのは見下されていたからだ。けれども農園主は金持ちで、遠くの平和な僻地に住むものとわかっていた。母は、幸せそうに、トーストラックやアントレ用の皿や中華汁鉢を荷物入れにつめて、東の地へ私を送った。そこでは、アッサムの山岳民を訓練するために農園官のもとで新しい連隊が編成されていた。私の夫を含めて、アッサム連隊は諸方に赴き、私は別の地へ、という生活が続き、五年経って、三人の子ができてはじめて、茶園での夫婦そろった結婚生活が始まることになった。果樹園の花のように咲く茶の花と、私たちを取り巻く芳しい土地、私たち一家の最初の家を私はそのように思い描いていた。この豊かな芳しさをポットから注がれる飲み物に変える過程については、私は全く何のイメージももっていなかった。一九四六年七月、あらゆる誤解を伴って私は到着した。私は、戦争の時を両親と共に過ごした。彼らは、いまだにインドの独立を信じようとしないし、信じられない人たちだ。彼らの仲間たちは、ガンディーやネルーは、刑務所にいれておくのが最善と思っている。ボートクラブでは、「インドを去れ」というプラカードを掲げた小行進を面白がっていた。数アナもらって叫んだり旗をふったりしている子供たちだけの行進だ。両親は、幻想をもったまま引退した。私は、蚕の繭のように同じ幻想に包まれてアッサムに到着した。

二年間の経験を積んで、私の夫である二九歳のマックは、大農園の経営を引き継ぎ、戦時に経営してきた夫妻は去っていった。経営者の住居は、私がインドに渡るときに乗った「ストラスネイバー号」と同じくらい大きなもので、船の上甲板と下甲板のような木造構造をもっていた。私たちは上に住んだ。子供たちは、地階の柱の周りを三輪車で回っていた。中心部には、錠付の倉庫があった。鍵をみつけて開けてみると、食べ物、冷蔵庫、ミシン、予備の部品で、天井までぎっしりだった。ここを離れていったアメリカ人が残したものだった。アイスクリームの素をちょっと失敬したが、管理人が帰ってくるのを待って、彼から冷蔵庫と扇風機を買った。

茶は、住居から少し離れたところに植わっている低木であるとわかったが、茶摘も製造も私は目にしなかった。車もないし、五歳以下の子を三人も抱えて、子供たちを楽しませ、安全を確保することに一生懸命になって過ごした。天井に巨大クロスズメバチが巣を作っていた。ワニのような大きさのトカゲがバルコニーで舌をチラチラさせていた。ある日、上のバルコニーから見下ろすと、広がった角とコブをもった雄牛が乳母車をのぞきこんでいた。この牛は、ブラーマン牛のなかでも最も穏やかに、赤ん坊を見てそして去っていった。蛇がいることも考えられたし、もしかしたら虎も。でも最も危険なのは、蚊だった。どこに行くにも殺虫器を持ち歩いた。

色鮮やかな鳥、蝶、動物たちなどの野生の生物と同じくらい多くみられたのは、紫、緋色、金、杏色、真珠のような白のあふれるような植物だった。植物は、枝垂れ、伸び上がり、這い回って、庭師がたいして注意を払わなくても伸びた。庭師は、草を刈り、日陰で休んで、水入れで茶を飲んだ。彼らも使用人たちも、労働者区画から来る人々だとマックが教えてくれたが、私にとっては、どこからともなくやってきて、どこへともなく消えていく茶色の人影であった。彼らは、母の使用人ほどは格好良くなかった。母の使用人たちは、ぴかぴかの真鍮の留め金でとめる色鮮やかなカマーバンドを巻いて、糊の効いた白い服を着ていた。彼らは、使用人区域と呼ばれた庭の隅っこの小屋に住んでいた。油断ならない現地人の神話にやられていたので、私はコーヒーテーブルの上に置いてある銀の箱の中の煙草を数え、デキャンターのウイスキーの量を測った。この庭にいる使用人をみすぼらしいと思って、糊の効いた白い服を着せたら良くなるだろうかと考えた。

私は、車が手に入るのを楽しみにしていた。数か月すると、去っていったアメリカ人が残したがらくたの山にあった古いヒルマン・ミンクスという車が私のものになった。クラブまで行けるようになるし、嬉しかった。小さな子達とたいてい留守にしている夫だけが相手である世界が、他の農園主やその妻たちによって活気を帯びると思われた。洗い立ての綿の服を皆に着せて、蒸し暑い午後の戸外へと八週間ぶりのお出かけだ。子供たちは、指をしゃぶり、ぐずりながら眠り、マックは、のっそり歩む牛や路面のくぼみを呪いながら運転した。茶樹を見るのも、背中に籠を背負った女たちが茶樹のところにかがんでいるのを見るのも私にとって初めてのことだった。彼女たちは、木陰で涼しげで素敵に見えた。なんて素敵な生活だろう、茶の木がつくる緑の海を白鳥のようにたゆたう日々。

川に到着し、ボートに乗り移った。危なっかしい。子供たちは、目を覚まして、揺れたり水がかかったりするのを楽しんだ。せっかくのパリッとしていたはずの服が台無しだったが、クラブのことを考えて気を取り直した。ぴかぴかの床、部屋を飾る花、花柄チンツのソファがあって、白い服にカマーバンドの使用人が、ティーセットと冷たい飲み物を運んでくるのだ。書斎、カードゲームをする部屋、子供の遊び部屋だってあるはず。インドの別の地域で知っていたクラブのことを私は考えていた。そこでは、長官、森林官、警官たちと、医者や大佐が、共に仕事のことや趣味のことを語らっていた。彼らの妻たちは、写生を嗜み、舟遊びも巧みで、庭仕事にも、トランプのブリッジにも熱心だった。けちくさい派閥争いがあったり、人種差別の上に成り立っているものであったが、クラブは、非常に洗練された場だった。そこには、友情と笑いと寛ぎがあった。

私たちが下船し、泥っぽい岸を登ると、迎えの車がきて、いくつかの住宅を通り過ぎ、テニスコートを備えた少々大きめの住宅の横に私たちを下ろした。中に入ると、広い部屋があったが、家具といえば、籐の椅子だけだった。その部屋に続いてバーがあり、それを通り過ぎて、テニスコートに出た。堅い椅子に腰掛けて、テニスを見て、その後、男たちはビリヤードをやり、酒を飲むということになるわけだ。子どもたちのためには何もない。ブランコも、砂場もない。正直なところを言えば、他に子供は一人もいなかった。格好良い大英帝国の担い手なんて、一人もいなかった。いるのは農園主のみ。彼らは、皆、赤ら顔で、脚がずんぐりした、汗みどろのスコットランド系の人々のようで、今でもはっきり覚えている。

テニスの後で、十数人の女性が円くなって籐椅子に座った。それで、座ったまま。そのまま。子供たちは、私の膝の上でうとうととして、送風機がギーギーと回っていた。話といえば、使用人のこと。特に、使用人の中でも、洗い物をする男で、ポットをやかんのところに持っていくことを何年かかっても覚えもしないし、誰も教えてもやらないという恐ろしいお話があった。私の右にいた婦人は、アッサムでの家政で知らないことはないと言って、ご親切にも清掃用の布についての深遠なる知識を授けてくださった。これを使用人たちに、毎朝配って、夕には回収しなくてはならないのですよ。それぞれの使用人の身分にあった布が配布されなくてはいけません。最善のものは給仕人に、古ぼけたのは掃除人に。勿論、たいていの住宅が備えている石造りの食糧貯蔵倉庫には鍵をかけて、貯蔵食料をお守りなさい。小麦粉も砂糖もいっぺんに渡してしまわず、小分けに出してやるものです。冷蔵庫も鍵をかけるべしということです。牛乳を水でうすめるのは、よくある手口ですから。縫い物はなさる？　あら、なさらないの？　それなら、糸を鍵かけてしまっておく必要はありませんわね。でも銀器には、鋭い目を光らせて注意を払っておかなくてはなりませんわ。もしも、部屋の中でちょっとでも銀器の置いてある位置が違うということが始まったら、闇夜にはスーッと消えてしまいますから。全く気づかないふりをしておいて、最後の最後で尻尾を掴むのも一興ですけれど。使用人というのは、ここでは木から降りてきて間もない、原始的な人種でございましょう。子供みたいに、いつも何かしかけてやろうとするものですけれど、あの人たちには、こちらがご主人様であることを示してやらないといけませんわ。

数時間経って、子供たちは汗ばみながら眠ってしまい、夫を呼びにいこうかしらと言ったら、皆が凍ったようにこわばった。スィングドアの向こうの男だけのバーがある区域に、女が入っていこうなど前代未聞だったのだ。男たちは自分の好きなときに、そこから出てくるものであって、女の方から行動をおこすものではなかった。何百年も経ったかと思えた後に、男たちは現れた。少々足元をふらつかせながら、それでも家に帰っていく準備をととのえていた。川を渡り、車に乗って帰り、熟睡した子供たちをベッドに連れて行き、私はベランダの手すりに寄りかかり、敷地をじっと見下ろした。

警備の老人が、古ぼけたシャツを着て、杖を持ち、裸足で、あちらへ、こちらへと歩いていた。彼にはどんな掃除用布を渡したらいいのだろう。彼は、何から私たちを守っているのだろう。虎？　盗賊？　私たちが床に就いたらすぐに、彼もターバンをまいた頭で横になり、夢の世界へ入っていくのだということを私たちは知っていた。眠る彼の頭上では、スズメバチが巣で休み、乾いた隅で蛇がとぐろをまき、無数の蛾が、銀色の羽を開閉させていた。暖かな夜は、低音シンフォニーだった。虫がぶんぶんと音をたて、蛙の合唱、ジャッカルの遠吠え、太鼓の音。蛍の光と満天の星で明るかった。そしてヨルガオとユリが芳香を漂わせていた。

私は甘美な空気を吸い込み、アッサムで過ごす夏はこれが最後だろうと思った。来年の休みに帰国したら、マックは別の職を得て、インドともお別れだ。子供たちから離れることはなく、赤くなった腹にシャツがまとわりついて、ズボンの前ボタンが開いたままになっている男たちが迎えに来てくれるのを待つ厭わしいクラブの集まりとも、もうさよならだ。私は幸福に眠りについた。実際には、二〇年もそこで過ごすことになろうとはつゆ知らず。私がこの美しく、動きに満ちて、刺激的で、不思議な国から担架で運び出されたのは、一九六六年になってのことだった。

一〇年経ってやっと、私はこの国を本当に見回し始めた。上の子が一〇歳になるまで私が教育したので、一九五五年になって初めてアッサムでの一人の時間を持った。引退するまであと一〇年。ベランダに座って、私の時間をどうやって過ごそうか考え、日記に書き付けた。マックは、今や、ナガの丘陵のたいへん美しい茶園の経営者となっていた。私の知らない悲惨な過去には、ナガ族が茶園を襲撃したそうだが、今では市場に下りてくるくらいだった。私たちはそこで装飾品を買ったり、写真を撮ったりする。近くの川を遡って釣りに出掛けると、彼らが竹製の魚獲りを仕掛けているところを見た。その後、彼らは私たちと一緒に焚き火を囲んだ。彼らは裸で濡れたままだった。陸軍にいるときに、マックは特に彼らに親近感をおぼえ、言葉は通じなかったけれど、お茶とソーセージを一緒に食べて、大いに一緒に笑った。

言葉がわからないことが私の心配事だった。労働者たちはあまりにも多くの方言を話し、どの言語を選ぼうかと考えるだけでも困りものだったが、アッサム方言を学んで、長いこと何も知らずに暮らしてきた国のことを知るべく村々に出掛けていこうと思っていた。それに、病院や学校で役に立てるかどうか確かめたかった。住宅、健康、教育について規定した一九五二年のプランテーション法のことを何も知らなかった。(2) マックが造った託児所を見せてくれたことがあった。そこは、セメントでかためた四角い広場だったが、子供をそこに置いていく母親はいなかったので、広げて家畜の囲いにした。

優先順位が低かったものに、居住地への訪問があった。共同使用の給水栓のある、草葺屋根のあばら屋が並んでいるところを、犬を連れて通った。私のかき曇った頭では、使用人たちができものや風邪に悩まされるのも不思議はないとちょっと思う程度だった。犬たちがアヒルを追わないように呼び戻しながら、私は新しく空調を入れた部屋をどんなふうに飾ろうかということばかり考えていた。私の水道や灯や扇風機があるところから、灯りも水もない一部屋だけの区域に帰っていくことを使用人たちはおかしなことだと思ってはいないだろうかと私は時々考えた。けれども、東洋というのはそんなものだった。

アッサム方言を学ぶことができる本といえば、カトリック教会が印刷したものだけで、ページのうち半分は逆さになっていた。マックが近くの教師をさがしてくれた。彼は地域の学校の先生で、一週間に二度やってきて、恐怖で膝を震わせながらベランダに座った。『シンデレラ』のような簡単な話をしたが、彼はあまりにも礼儀正しくて怖がっていたので、私の間違いを直してくれず、それでほとんど進歩しなかった。彼は私から講師料をとろうとせず、それどころか、私が彼に恩寵をかけてやっているかのように、一五ポンドの重さのある魚をもって家にやってきた。マックによれば、彼はここで雇ってもらいたいと思っているのだった。

彼が私を家に招んでご馳走してくれたのは、賄賂のつもりだったのか。そうではなかったと思う。村を訪れたのは初めてだった。土埃のなか車で走り抜けたことはあった。開けた土地に椰子の木が陰をおとす村で、私の先生の家は、かぼちゃと朝顔が壁を伝っていた。村全体は非のうちどころなく、さらさらと音をたてて擦れ合う葉が陰をつくる心地良い場で、その中心には池があって、睡蓮とあひるが漂っていた。子供たちが遊び、女たちが見守っていた。女たちは、水瓶を日焼けした腕で抱えていた。ココヤシとバナナの木の向こうには、黄緑色の稲穂が水田に映っていた。雄鶏が時を告げ、歌が聞こえ、木に斧をあてる音がした。

私の身分に相応しく、頭からサリーをつけた先生の妻に給仕されて、私は一人で食事をした。老女が皿をもって戸口を訪れ、米をもらっていった。先生によれば、これは、老人や病人を村が共同でケアする習慣によるものである。彼には三人の子供がいて、祖父の負債を返済していたが、彼の妻は銀のブレスレットとイヤリングをし、彼は水田を一部所有し、牛も数頭持っていた。彼は副校長になったなら満足するであろう。

グアバを一袋もらって私は上機嫌で家路についた。目から鱗が落ちる初めての体験をした。アッサム人は、農園主たちが私に信じ込ませようとしたような「気力のないやつら」ではなかった。居住地の労働者に比べたら、彼らは豪勢に生活していた。かぼちゃやバナナ、ココナッツやグアバが手近に実る、やしの木陰の村に引退することだって想像できた。マックは、私がごく甘のお茶と堅苦しい会話で退屈な午後を過ごさなくてはならないと可哀相に思っていたのに、私が嬉しそうにしているのを見て驚いた。

私が嬉しかったのは、これで、会話がいまだに水運び人のことで滞っているクラブの集まり、朝のコーヒー・パーティー、週末のポロ騒ぎから逃れることができるからだ。アッサムでの長年の生活で、私のほかにはそこから逃げ出したがる女性には会わなかった。私は異常だと思われ、人々はマックを哀れんだ。私はたいていは気にしなかったが、時々、汗のように毛穴から自己憐憫がしみ出ることがあった。

村の次は、バラリというインドの中流一家と連絡をとってみた。私は今では読めるようになったので本を読み、その著者に手紙を書いて、訪問あるいは滞在可能なお宅を知っているかどうか尋ねてあった。長女はアニマという名で、結婚の予定はなく、博士号をとる勉強をしている穏やかな眼鏡をかけた女性だった。彼女の可愛らしい妹は、結婚していたが、夫はロンドンに行って帰らないままになっていて、消息不明だった。彼女は私に彼を見つけて欲しいと言ったので、次の休みのときに私は彼を探しあてた。でも彼女のところに帰るように説得してもだめだった。

　バラリの家は、四角形のしっかりとした家で、私たちはベランダに座って、レモンシャーベット水を飲み、一緒にやることについて話しあった。彼らは列をなして遠出をした。雨季が終わって川が落ち着いた後、ブラマプトラの聖なる島を訪ねるのだ。そこでは、クリシュナの生涯を称える劇が一年に一度演じられた。島に住んでいるのは、僧ばかりで、アニマの母は、そのなかの一人に特に会いたいと思っていた。アニマ自身は、大学出であり、若い世代の子だったので、そのような旧習を笑っていたが、私が興味をもつだろうと思ったようだ。

　マックは、こんなことはすべて「いまいましい無駄足」になるだろうと思っていたが、車と運転手を貸してくれて、川まで連れて行ってくれた。アニマと母親、叔母を拾い、トランクと大きな包み、籠にはいった鶏を乗せた。アニマの母は、缶に調理脂をいれて持っていた。これは彼女の導師の聖なる足に塗るためのもので、既に溶けはじめていてつんとする臭いがしていた。

　私たちは川岸の宿屋で夜を過ごすことになっていた。部屋には四つのベッドがあり、シーツはうす汚れていて何人も眠った後洗われていないふうだったが、アニマと私は座り込み、母親と叔母は、鶏を絞めてカレーをつくっていた。アニマは私にクリシュナの話をしてくれた。私はヒンズー教について何も知らず、ただ何となくたくさんの神々がいること、赤い液体がほとばしる混沌とした儀式と結びついたものだと思っていた。アニマは、クリシュナをキリストのような顕現としてとらえ、清い一神教的な教えを信じていた。島の僧たちもこのような見解をもっており、母親が会いたいと思っている人は、穢れなく神聖であるという評判だった。

夜、母親と叔母のいびきがしていたが、私は興奮して目を覚ましていた。私の想像では、聖なる島は、神聖な木立から成っていて、そこを金色の衣を纏い、詠唱する人物がそぞろ歩く。丘の上の、特に尊敬されている聖人に近づくにつれて、荘厳な神秘の空気が私たちを覆っていくであろう。私のキリスト教徒としての信仰は薄くなって、少なくとも数日の間は、他の神々の祝福を受けてもいい。

私たちは、蒸気船に乗るために川岸に車で行った。その混み具合ときたら、私たちとアッサムの全住人の半分と彼らの家畜と自転車が乗っているようなものだった。私たちが船になだれ込み、手すりを求めて奮闘しているとき、私はこうした渉りで溺れた船客のことが常に報道されていたなと思ったが、その考えを頭の片隅に追いやった。船出後すぐに、アニマの叔母が吐きそうだと言い、即座に私の靴に嘔吐した。私は靴をきれいにすることもできなかった。自転車と山羊の背中に挟まれて固定されていたからだ。この情景をマックに話したら、彼はどんなに大笑いし、「言わんこっちゃない」と言うだろう。

島で甥と会うことになっていた。彼は、タクシーを所有しており、共同体のなかで数少ない世俗人の一人だった。アニマの母は、彼はなにしろ黒いので嫁が来ないと言っていた。第二の問題は、酒飲みだということだ。これは、タクシードライバーには合わない落度であるが、島ではほとんど車が走っていなかったので、大きな問題ではなかった。群集が散っていった後に、彼はほろ酔いで現れ、私たちは、荷物とココジェム調理脂の缶と共に彼のタクシーに乗り込んだ。

島のでこぼこ道をジグザグに進む間、甥はかなりの長い間後ろを向いて、自分が詩人であり、ワーズワースを崇拝していることを私に話した。「通りかかった小さな家は、ワーズワースの粗末な家を思わせませんか？　水仙がないというだけでしょう？　いつか、助けてくださったら、偉大なるワーズワースの家を訪問し、水仙を見たいものです」といった具合だ。

その間、お目当ての僧の住居をみつけるにあたって進展はあまりなかった。わだちをよろめきながら進み、僧院に止まったが、違う僧院だった。ココジェム脂がしたたっていた。島は、アッサムのほかの地方と変わらなかった。バナナの木があり、牛がさまよい、家々があって、雄鶏が鳴き、女たちが穀物をあおぎ分けていた。神聖な感じはしなかった。暑くて、ほこりっぽく、混沌としていて、神経にさわった。だれか地図を持ってきていないの？　目を閉じると「だらしない」という言葉がまぶたに浮かんだ。

アニマが、「さあ、着いたわ」と言い、私は目を開けた。小さな塚のようなものがあり、木の下に、むさ苦しい鹿が数頭、羽毛が生え変わりつつある孔雀が一羽いる庭園を抜けていく段々があった。私たちが登っていくと、トタン屋根の家があり、数人の弟子が私たちの靴を受け取り、接見を待つ控えの間に座っているようにと言った。聖人は、いちどきに数人にしか会わないのだ。彼らがもってきた濁った水を、唇を閉じたまま私はすすった。聖人の足を洗った水ではないのかしらと思いながら。木の椅子に膝の裏側がくっつき、お腹はごろごろとなっていた。

アニマと叔母がまず呼ばれ、それから母親と私が部屋に通された。そこでは、白いショールにくるまった大きな人が壇上に座っていた。蝋燭と花がそこかしこにあった。彼の前で床に頭をつけて挨拶するとき、花束をもってくればよかったと後悔し、持ってこなかったことを彼が気にしないといいと思った。バラリ夫人の缶から溶けた脂を彼の足につけている間、私は目を伏せていた。小声で何かが囁かれ、彼女の頭に手が伸びてきて、彼女は立ち上がり、後ずさりして部屋を出て行った。

次に起こったことを私は一生忘れない。私の垂れた頭に手が置かれ、そこから、私の汗ばんだ額に、私のほこりっぽい頭皮に、私の頭の内部に、そして身体を流れるように、甘美さと力が満ちてきた。暗い部屋に太陽が注ぎ込むような、乾いた地に雨が注ぐような、そんな感じだった。私の心の窓が開かれて、世界のすべての美が吹き込まれたかのようだった。幸福の秘密がまさに明かされたかのようだった。

彼が手を私から離した後も、喜びは消えなかった。彼は休み休み話した。英語は岩のように話せないと彼は言ったが、それでも叡智が伝わってきた。離れていても関係なく、彼はいつもそこにいて、祝福してくれる。絶望の時に、あの大きな川を越え、あの埃っぽい道を登り、かれの聖なる足元に私の痛む頭を垂れたいと何度私が思うであろうか彼は知っていたのだろうか。彼にはわかっていたと思う。

翌日家に着いて、ボートのこと、甥のこと、夜中続いたドラマのことをマックに話した。私に永遠の祝福を与えてくれたあの茶色い手のことは、彼にも誰にも話さなかった。振り返ってみると、何故あの島を再び実際に訪ねなかったのか不思議だ。空想の中ではしばしば訪ねていたが。奇跡が、次には奇跡でなくなることを恐れていたのだろう。

アニマが私に歴史の本をくれた。私はうちの茶園に墓のあるアホム族の王たちのことを学んだ。彼らは、金や象牙と共に大きな塚に葬られ、金と象牙は盗まれていたが、今は密林にまぎれているひとつの塚には廟があった。周辺を整理して、廟の遺跡を掘ってみよう。毎朝ピクニックの準備をして鋤を持って出掛け、ピンク色のタイルをめざして掘削した。私が仰向けに休んでいると、死体であってくれればいいと思うかのように、ハゲタカが何羽か頭上を舞った。手は擦り剥けたし、遅々として進まなかったが、私はとても幸福だったし、まもなく政府の援助を受けた協会がやってくるだろうと思っていた。

この仕事をするにあたって誰かの許可をとったか？　許可はとっていないと思う。迷信深い人々の神経を逆立てるだろうと思わなかったのか？　そんなことは一度も考えなかった。それで、私が作った囲いが倒されて、毎週末私がやった仕事が台無しになって、私は歎いた。マックは、規律を守らないフーリガンのような学生たちの尻をたたいてやらなければいかんなと言った。私ががっかりしていたので、彼は怒り、一日中戸外にいて薔薇色に上気した私の頬から血の気が失せるのを見て彼は残念に思った。私は新聞社宛に怒りの手紙を書いたが、やめておいた。様子をさぐるような影を私に落としていたハゲタカと会えないのがつらかった。

病院が次なるターゲットだった。茶園は、自分たちの病院にとても高い誇りをもっていたので、鉄製のベッドでギュウギュウ詰めの部屋がたった二つ（男性用と女性用）しかない病院に足を踏み入れて私はびっくりした。その二つの部屋の向こうには、もう一つの部屋が特別な場合のためにとってあり、小さな調剤室もあった。女たちが赤子を抱えてベッドに座っていた。テーブルも椅子もなく、親戚縁者が食べ物をもちこみ（病院は提供しない）、床に置いていた。蝿が群なして飛び、這い、母親たちが細い腕で、子供の頭から蝿を追い払っていた。

バブ先生はベンガルで教育を受け、患者となっている人達の言葉をどれもしゃべらなかった。彼は、貧血が大きな問題であると言った。子どもを産みすぎる、それが間違いだ。とても色が薄い、黄色っぽい血液標本を見せてくれた。病院にいる間は注射で大丈夫だったが、家に帰ると仕事が待っていて、状況は悪化した。最近ではＤＤＴのおかげで、少なくともマラリアにはかからなくなった。ある部屋では、小さな女の子がベッドに横たわっていた。そこではベッドが唯一の家具だった。バブ先生によると、その子は結核で、治療の余地がないほど進行してしまっていた。彼女の家は大家族で、家には居場所がなくて、病院でできることはほとんどなかったが、ここにいる方がよかったのだ。彼女には新鮮な牛乳が必要だったが、手に入れるのは難しかった。彼女の名前はニーリマだとバブ先生が教えてくれたが、私がその名を口にしても、彼女は殺風景な壁を見たままだった。

マックは、蝿よけのドアを入れることには賛成したが、家族計画、家具、明るい色のペンキ、子どもの患者のための玩具などについては、P先生に尋ねなければならなかった。彼は、このような病院担当のヨーロッパ人で、二週間に一度やってくる感じのいい人で、よくあることだが、ウルドゥ語は一言もわからないようだった。彼の仕事は、必要な薬がそろっていて記録がとられているようにすることだ。

会社は家族計画には熱心でないと彼は言った。たくさんいる方が楽しいではないか、それに、給料を安くするためのメカニズムだとのことだ。法律で組合を作ることが義務づけられ、労働者たちに彼らの権利について忠告する輩がいるので、多くの人が必死に職を探してくれるのが最善だった。けれども、会社にゴム製の品の代金を支払ってもらおうなどと考えない限り、家族計画について道理にかなう範囲で忠告しても良いことになった。

絵を飾り、カーテンをかけて、病院をカラフルな明るい場にするという私の計画については、悪いけれどもだめだと言われた。率直に言えば、その必要を理解もできないという。マックがペンキを何缶か使わせてくれたら。でもちょっと待て。人々は気づくだろうか。彼らがもともと住んでいるところを見てみるといい。水道と公衆衛生が提供されれば、高価な薬を使わずにすむであろうと提案したかったが、その提案は時期尚早と判断した。家族計画をベースにすることにし、デリーにこの件について手紙を書いた。

返事を待つ間、私は病院を毎日訪れた。頭の弱い子が子を産み、母乳が出なかった。哺乳瓶を与えられたが、子の口に哺乳瓶のどちら側をもっていけばいいのかということもわからない様子だった。私は彼女を助けた。この無能ぶりで母乳がでないときたら、家に帰った途端に子は死んでしまうだろうと思ったが。牛乳で育てた小さなテナガザルのことを思い出し、彼女のところに出かけていって、赤ん坊を育てるのを手伝おうと誓った。マックは、やめておけ、一日五度も居住地に出掛けていけないし、ここでは強き者のみ生き残るのが当然なのだ。彼の言うのももっともだったが、懸命の小さな意思表示のつもりで、うちの牛乳が病院に届けられるようにはからった。

私は毎朝あの小さな結核患者と時を過ごした。紙、チョーク、本、ビーズを持っていった。友人が、衣服をまとった美しい木製人形をくれたので持っていくと、ニーリマもとうとう笑顔をみせてくれた。一日中、人形を腕に抱いていた。彼女の衰弱と熱がおさまったかのようにみえた。数週間後、彼女のベッドは空だった。死んだの？　そうではなかった。彼女の家族が、本や人形とともにニーリマをひきとっていった。バブ先生はこれをやめさせることはできなかった。何週間かまた経って、彼女が死んだと彼は私に報告しなくてはならないことになった。私は泣いた。「奥様、そんなに気にかけないで。彼女に望みはなかったのです。」けれども、家族が彼女を引き取ったのは、人形とクレヨンのせいだったのではないかと考えてしまう。恐らく私が殺したわけではないだろうが、私が彼女の死を早めたのだ。

数週間したらミス・ダスがアッサムを訪問し、産児制限について労働者に話をしてくれるという手紙がデリーから来て、私は気分が明るくなった。彼女が必要なものすべてを持ってきて、無料で配布してくれるという。私のところに泊まってもらおうか。

シレジア会のカトリック司祭、ジェイムズ神父が同じ夜に泊めて欲しいと言ってきたときには、マックはこれはまずいことになりそうだと思った。ミス・ダスの並はずれた熱意を私たちは予想していなかった。彼女は到着して一〇分もしないうちに、私たちに見せるために長くて円いゴムの物体をティーテーブルに並べた。ミス・ダスが、労働者の性的習慣について私たちに質問すると、魅力的でユーモアのあるジェイムズ神父が私に目配せをした。マックは、彼らは異なるカーストに属し、異なる習慣をもっているのだろうと指摘した。ジェイムズ神父が、私たちは皆無知であるのだから、神に任せておくのがよかろうと言うと、ミス・ダスは腕輪をつけた腕を上げ、まさに今この一分にも五〇万人の子供がはらまれており、インドの人口が爆発的に増加していることを示す数字を引用した。

「今まさにこの時間は、女たちは夕飯の支度に忙しいと思うが」と時計を見ながらジェイムズ神父が言った。すると、ミス・ダスは笑いでなじった。彼も彼女も独身で、この件についてはかなり暗いと彼女は認めた。そのような理由で、出発する明日の昼までにマックとスタッフに書き入れてもらいたいアンケートを持ってきていた。マックは、あとでそれを見て、アンケートのすべての行に、肉体関係という語があるが、皆は理解できるだろうかと疑った。ミス・ダスは素晴らしい人で、とても勇敢だと私は思った。コンドームを持って歩き回っている独身のヒンズー教徒の女性というのは刺激的だ。マックは、そんなことに刺激を受けるなと言った。妻が避妊具行商をしているなんて知れたら、クビだ。

彼女の言うことを深刻に受けとめることには躊躇があったが、マックは次の朝に、マイクを用意しマリゴールドが咲く戸外での会合を設けてくれた。女性のみの参加で、ミス・ダスと私がスピーチをする。マイクの前には、彼女がもってきたものを並べた大きな見本テーブルが置かれた。私がまず話した。私には、三人しか子供がいないから、大きな家に住み、車をもっているのだと言った。この論理は、誰も信じていないナンセンスだった。私の英語は、まったく違った、より論理的な内容に翻訳されているようだった。ミス・ダスは、彼女がもってきたゴム製品の使い方を説明し、男性が受けられる手術のことを示すためにペニスと睾丸の大きなポスターを掲げた。すべてが厳粛に進み、その後それぞれ包みをもらっていった。マックは、次の日には、そこらじゅう小さなゴム製飛行船がぶんぶん飛んでいるだろうと言った。

私はもう少し楽観的だったが、結局ごく少数の女性が不妊処置を受け、私のコックだけが、私のために、精管切除手術を受けた。反応の悪さを無知のせいだと思った。新聞も読んだことがなく、ラジオももっていない無学の人々が、どうして体のリズムのことを知り得よう。家族計画を立てるという複雑な行動をどうして理解し得よう。教育が第一だ。休暇から帰ったら、教育こそ私の仕事だ。

私の計画は、一九六二年に中国軍がアッサムに侵略してきて中断した。女性たちは、数週間カルカッタに飛行機で逃れた。纏足して後宮に入れられるとでも思ったのだろうか？　同じ黄色人種だし、中国人は、ほんの二〇年前に残虐と悪徳の怪物だと思っていた恐ろしい日本人と同じようなものだということだったのだろうか？　当時は恐ろしかったのだ。でも振り返ってみれば、その「逃亡」を恥じている。私たちは、逃亡用へラクレス飛行機など持たない労働者たち、アッサムの人々にどんなことがおこるかなど関心をもたなかった。たくさんの経営者たちが、責任者に金庫の鍵を渡して出て行った。経営者がいなくても茶園の経営は滞りなく、金庫は安全に保たれた。

そのころまでに、私は教育の使命に乗り出していた。茶園は、法律により小学校を備えていた。その後、大学入学資格を得て進学することができる一〇年生まで教育するのは、国家の仕事だった。茶園の一〇〇〇名余りの子どもたちのためにあった小学校は、私の居間くらいの広さだった。子どもたちは石版をもって座り、もごもご何か言っていた。大勢いたわけではない。一二歳以下の子どもを雇うのは違法だったが、出生証明書を提出しなくてはならないわけではなく、子どもたちは、小さい子の面倒をみたり、飼料を切ったり、水を運んだり、いくらでもすることがあった。教育を受けようが受けまいが、親たちは、茶園の外での子どもの未来など考えてもいなかった。私は子ども用の粘土や本を注文してやることができたが、子どもたちは寄ってこなかった。

中等教育はすこし希望があった。いくつか教室があって、美術工芸用の教室も新しく加わった。校長は、この部屋は使われていないと認めたが、その部屋があるということで学校のステイタスが上がり、スタッフは高い給料をもらうことができた。しかし美術の先生や材料のための資金は不足したままだった。そこで、ほら、私を待っていたわけだ。私が無給の美術の先生、しかも英語の先生になってあげよう。何てご親切に、と校長は言い、スピーチとマリゴールドで私を歓迎してくれた。マリゴールドが首にくっついた。トタン屋根の教室は、息苦しいほど暑かった。

美術室には、中心に大きなテーブルがあり、その上に私は大きな粘土の塊と粉絵の具を置いた。間もなく私はバナナを六本皆に回した。だいたい一二歳くらいの子たちがいる四年生にそれぞれ粘土を渡して、粘土で何か作ってみるように言った。だれもかれもバナナを作った。次の日、更にバナナが一二本テーブルに積まれた。男根シンボルが山となっているのを見て、校長は、課外活動はなんと有益なものだろうと言った。子どもたちに、次は何を造りたいかと彼が訊くと、まるで声をそろえたように、皆が弓矢と答えた。これをやるためには、たくさんの竹と鋭いナイフを用意しなくてはならず、現実的ではないと思ったので、ラフィア繊維と絵の具を更にもってきてもらえるように手配した。その間、毛糸玉を作ったが、生徒の数は減った。

英語のクラスは良かった。五年生の文法と一〇年生の『マクベス』と作文を教えた。子どもたちは、村からきていて、農園居住地からは誰もきていなかった。女の子たちは、オイルをつけて下げ髪をつくり、ピンクのリボンをしてかわいかった。男の子たちのなかには、立派な口ひげをたくわえて、三〇歳くらいに見える子もいた。彼らは皆賢くて、熱心に学び、私が文法修得のために導入したゲームを楽しんだ。『マクベス』は問題だった。荒涼としたヒースをどうやって説明するべきか。偉大なせりふをどうやって教えるべきか。一番良く出来る子のエッセイを書き写して、全く同じものを提出するという習慣をやめさせた。「日曜日に何をしたか」「私の祖父」といった題目でエッセイを書かせて、彼らの生活への扉を開いた。アッサムに来てこれほど私が幸せだったことはない。

その関係で、私は演説会及び表彰に招かれた。これは、試練みたいなものだった。ほとんど機能しないマイクにむかって老齢の歯抜けの男たちがするスピーチを、息も詰まるようなテントの中に座って聞かなくてはならないのだから。子どもたちは、ぼろけた本を賞品としてもらい、たくさんの決意が述べられ、お茶を飲み、アニシードを噛み、何時間も何時間も続くのだ。

時折、重要人物が訪れた。その中には、教育大臣もいて、この人はチャーミングな人物で、ボーイスカウトとガールガイドを始めようと熱心に検討していたが、私が熱心でないのを知ってがっかりしたようだった。昔ガールガイドになって嫌で嫌でたまらなかったこと、一本のマッチで火をつけるのができるようにはならなかったことを話すと、困惑していた。会合の後で、彼の車が現れなかったので、私の車を待って私たちは道端の直角椅子に腰掛けた。「立ち往生です」と彼は陽気に言い、博士号をとるために書いている論文のことを話し、研究のためにイングランドに行きたいと言った。陽が沈み、鸚鵡たちがガーガー鳴きながら色とりどりに丘へ帰っていき、農園主が相手ではできないような話をすることができた。

ある日マックが手紙をもってきた。私たちは手紙を読んで大いに笑った。それは、見事なラブレターで、両脇を青い涙で飾ってあった。私は読むことができた。罪のないただただ不滅の献身を表したものだった。けれどもマックによれば、スタッフの激怒を招いていた。何故なら、あて先は雇い人頭の娘で、書き手はクラスメート、何百年経っても彼女には申し込めないような、誰もが無一文だと知っている家の貧しい村人少年だった。

さらに少年は、少女と密会の約束をしていて、そこに傘を三本もってきた。何故だか誰もわからなかったが、推測すると何だか怪しかった。数日後、スタッフ全員が尋問して彼が白状し、謎は解けた。彼が言うには、ひどく雨が降っていたから傘を三本もっていったそうだ。マックが私にこう話してくれたとき、私は大笑いしたが、雇い人頭は面白いとは思わなかったようだ。彼は、他の娘たちも汚さないうちに彼を追放するようにと要求した。

その少年が一〇年生で、誰もが彼の作文を写したがる賢い学生で、最終試験を受けて大学入学資格をまさに得ようとしているところだとわかったとき、私は許してやってくれるよう頼んだ。彼の人生は台無しになるであろうし、そんな罰は犯した罪にくらべて重すぎる。だいたいどんな罪があるというのか？　私は経営主の妻としての私の願いの方が、雇い人頭の願いよりも重視されるであろうと思ったが、それは間違いだった。落胆と純粋な痛みが交じり合って、私は学校に行くのをやめた。幸いなことに、すぐに休みになり、頭を冷やす時間をくれた。

引退前の最後の旅に戻り、目から鱗が一枚一枚落ちたあとで見るインドは、私にとって今では違った国だった。労働者たちは汚い掘っ立て小屋に住み、女たちは貧血で、子どもたちは教育を受けていないと思った。病院は、たくさんのベッドはあっても、看護人はおらず、十分な食料もなく、患者にどうですか？　とも聞けないような医者が二週間に一度しかやってこなかった。たったひとつの学校は、四枚の壁と屋根からなるのみで、特に何もなく装備もなかった。私はマックにくってかかった。会社は大いに儲かっているというのに、なんで何も再投資されず、フットボールグラウンドさえもなく、ちょっと気分転換に近くの街に出掛けるバスもないのか？　彼は私が言うことすべてに賛同したが、そういう仕組みなのだ。彼は会社の命令で動き、会社はＩＴＡ（インド茶業組合）が取り仕切っている。まさにこのときにも、新しく一連の家を建てる命令が検討されていて、おそらくはぐらかしてしまうのだろう。

教育が鍵になると私はまだ思っていた。教育がないせいで人々は無力で未来もない。私は海外協力隊からの先生がいて、階級や背景に関わらず誰にでも開かれた模範学校を夢見た。冬の訪問のときに社長に話をもちかけてみよう。マックは、社長の声を真似て、うんざり軽蔑するような声を出した。「これは慈善事業ではないのです、奥様」「自分のコートにボールが来るまで待ちなさい」「いまいましい税金のことを考えると、建物に金をつぎこむのではなくて、節約が問題です」とか言った。

マックの言った通りだった。「ああ、時勢はご覧の通りで、慈善をやっているどころではない」と社長は言った。「簡単に言って、現金がないのです。奥様。」彼と彼の奥様が毎冬、気の向くままに香港やペナンにファーストクラスでお出ましになる現金はどこからでているのでしょうと聞くのはやめておいた。百年余り茶産業はアッサムにあって、その滞在の記念を何も残していないことを私は指摘した。美しい学校がこの欠如を埋めてくれるであろう。彼は、前かがみになって私の膝を軽くたたき、他の奥さんたちが夢中になっていることであなたもかわいい頭を満たしたらどうですかと言った。彼の奥さんは、活け花と織物を提案した。ふたりにジンを注ぎながら、マックは私に目配せをした。

私はアニマを頼った。彼女の庭で会合を催し、考えつくあらゆる金持ちを招いた。特に、世界中の銀行に巨額の富をもっていると知られているマルワリ商人を含めて。そのような賞賛すべき計画に賛成の演説ばかりが行われた。多くの決議が通り、学校の建設予定地が決まり、名前（最も裕福なマルワリ族の名前をもらった）も決まった。けれども、何故かそれ以上は進まなかった。いつもそんなもんさとマックが言ったので、私は彼につばを吐いた。私の失敗した計画のために、私たちの結婚まで困難に陥っていた。

アニマと私は、村を訪ねてまわり、民間伝承を集めて私が本を書き始めていた。その合間に、ポロを見て、友達を食事に招き、二重生活をしていて、最終的には私は参ってしまった。ある日ベランダに座っているときに私をパニックが襲った。私の周りに巻きついている植物は危険だ、毒がある。そこらじゅう毒だらけだ。毒を遠ざけるために、私はひっきりなしに手を洗った。恐怖のほかに、痛みもあった。薬を与えられて、治療のために病院に入れられた。痛みとパニックの合間に、私は美しい庭をみた。羽を拡げて陽を浴びて、芝生の上の青い扇のようにとまっているカケスを見た。毎日午後のティータイムに現れて踊るサギ、バードバスで水を飲むニシコウライウグイス、蘭のところで羽ばたくハミングバードを見た。マックに先立って私が故郷に帰ることを聞いてスタッフが催してくれたお別れ会で私は激しく泣いた。アッサムでの生活をあんな形で終わりにしたくなかった。四年後にアッサム会社は資産のほとんどをたたみ、マルワリ族に茶園を売って、ヨーロッパ人の経営者たちは皆去っていった。たいていの人達にとって良き生活であったし、その妻たちにとっても、何も知らずに快適で、学校も病院も居住地にも気にせずに満足して暮らすことができて、良き生活だった。それも賢い暮らし方だったのだと今では私には思える。妻たちは挫折で病気になったりしなかったし、暖かい気候と召使とテニスと贅沢な住宅を楽しみ、そして妻たちの満足を夫たちは喜んでいた。

事業を引き継いだインド人経営者たちは、当時の作家たちが言っているように「植民地時代の生活様式を誇示し」続けた。そういう人達は、ドゥーンスクールのようなパブリックスクールの産物で、その人達の頭は私の頭がそうであったように、ナンセンスで満たされていた。彼らは古い地図をみて、退役植民地官が書いた帝国史を吸収していた。概して、彼らはヨーロッパ人農園主よりも良い教育を受けていたが、ヨーロッパ人農園主と同じようにものが見えていなかった。

けれども、二〇〇二年一一月に南インド（ケララ）にあるタタの茶農園を訪れ、上に描いたよりも状況が良くなっていると思った。

第Ⅰ部　魅せられて

ロンドンの居酒屋，1600年

第二章　中毒物語

「概して、イギリス人は、外国の料理をちょっと試してみるのでさえも拒絶する。彼らにとってニンニクやオリーブオイルなんてやつは唾棄すべきものであり、お茶とお菓子がなければ、人生は生きるに値しない。」

ジョージ・オーウェル　獅子と一角獣「イギリス人」『随筆集』

「お茶が一週間ないということは、宇宙を根底から覆すほどのことであるとキプリングは『自然神学』で言っている。」

デイリーテレグラフ　一九三八年

茶はやみつきになるが、他の中毒とは違っている。穏やかな中毒で、比較的習慣から逃れるのが簡単だ。それに、他の中毒よりもより一般的である。それから珍しいことに、中毒者にとってお茶は良いものだ。たいていの場合、本人も他の人も気づかない。実際、茶による世界征服は、あまりにも成功したので、そのような征服があったということすら私たちは忘れてしまっている。茶は、水や空気のように多くの人があって当然と考えるものである。

数千年前には、地球上の誰も茶を飲んでいなかった。東南アジアの密林に住む少数の種族が、茶の葉を噛んでいた。喫茶に一番近いのは彼らだった。二〇〇〇年前、茶は、いくつかの宗教集団で飲まれていた。一〇〇〇年前までには、何百万もの中国人が飲んでいた。五〇〇年前には、世界の人口の半分以上が、水の主な代替物として茶を飲んでいた。

五〇〇年ほどの間に、喫茶が世界に広まった。一九三〇年までには、世界中の人ひとりあたり年間二〇〇杯の茶が飲めるほど十分な茶があった。水を除けば、茶は、どんな食品、どんな飲料よりも、普通にみられるものになっている。イギリスでは、たとえば、一日一億六五〇〇万杯の茶が飲まれており、ひとり平均三杯を越える。他に生産されている飲料、つまり、コーヒー、チョコレート、ココア、甘味炭酸飲料、アルコール飲料などを全て合わせても、世界の茶の消費量と同じくらいにしかならない。

では、何故、どうやってこのようなことが起こったのか。また、この飲料の広まりが迅速で世界中に及んだとしたら、この成功は結果として何をもたらしたのか。茶は、世界的影響力をもち、最初の真に世界規模の産物である。

多くの点で、水が世界を支配している。人体も主に水から成っている。気候や仕事や体重によって異なるが、人間は、生存していくために、一日に一人二パイントから四パイント〔約一リットルから二リットル〕の水分を必要とする。一日に必要な水分量の約半分を私たちは食べ物から摂取し、残りを飲料から摂っている。空気を別にすれば、地球上の何よりも、水が人間の生存に不可欠なものである。

歴史上の長い期間にわたって、それも多くの地域で、人々はただの水を飲んでいたし、今でも飲んでいる。何万年にもわたって、狩猟人たちは水媒介伝染病に対して何の防御策ももたなかったが、人口が希薄で定住しなかったために、危険はあまり大きくなかった。排泄物やその他の有害な可能性をもつ廃棄物を捨て去りながら、人々は移動していった。水の供給源は、概して汚染されないままだった。有害なバクテリアの急速な進化は妨げられ、主に他の哺乳類で起こっていた。

定住し、都市文明が起こった一万年ほど前に、密集に依存する病気が多く現れた。マラリア、流感、結核などの「近代の」病気の多くが、深刻な危険となり始めた。特に都市や人口の多い田舎で供給される水が汚染され、水媒介感染症が広まった。中国文明のような巨大な文明が現れ、病気の危険が急速に増し、二〇〇〇年前までにはこの問題が各地で見られた。

理想的飲料として、水は、味の点では点が低いであろうが、コストと水分補給なら点が高い。しかし、世界の多くの地方でこれが徐々に危険になった。では、人口二億五千万人足らずから約二五倍に膨れ上がったこの二〇〇〇年ほどを通して、人類を支えた水に替わるものは何だったのか。

原始的な社会が何を飲料としていたかを尋ねられたら、多くの人が牛や羊の乳を搾る農牧民を思い浮かべるであろう。確かに、乳が重要な社会もあった。しかし、水の主要な代替物としては乳にはいくつか問題があった。まず、入手が難しいこととコストである。草食家畜用にかなりの土地がある集団でないと、まとまった量の乳は得られない。このため、大規模な酪農は、北西ヨーロッパ、中央アジア、ヒマラヤとインドと東アフリカの一部の牧畜地帯に限られた。

さらに、最近まで、特に都市部や人口の多い文明圏では、乳はバクテリアでいっぱいで、時に有害であり、しばしばたいへん危険なものだった。濃厚で脂肪分のある流体は、水には見られない多くの微細な有機体の繁殖に好適である。たとえば、牛結核など特に乳に適合した致死有機体まである。動物から絞って数時間とっておいて熱処理しない乳を飲もうとした人なら、これがどんなに致死的であるかすぐにわかるであろう。それで、パスツールが乳の殺菌を行う方法を発見した一五〇年くらい前になってやっと乳を飲むことが定住文明において一般的になった。私たちは、乳に潜む危険と動物から出てきた汁を口にすることの奇妙さを忘れてしまっている。

水の一般的な代替物として乳を挙げないことのもう一つの要素は、皆が乳を好きとは限らないし、また飲めない人もいるということである。乳の消化に必要な酵素は、離乳したあと身体に自然に存在するのではなく、乳を受け入れ消化するために身体はプログラムされる必要があるというのが、乳の面白い特色である。離乳後に相当な量の動物の乳を与えられなければ、子どもたちは乳不耐性をもち牛乳アレルギーになる。それで、酪農がない地域で非常によく見られる状況なのであるが、牛乳を飲んだり、チーズやバターといった乳製品を食べると、本当に気分が悪くなる人が多くみられる。

人間を満足させる世界征服飲料を企画することを考えてみよう。何が必要だろう？　コストと手に入れやすいことが最も重要な要素である。比較的貧しい何百万もの人々の飲料になるためには、安価でなくてはならない。どんなものから作るものであっても、それは広い生態帯で、簡単に素早く育たなければならない。使える部分が多ければ多いほど良く、収穫が頻繁であればまた良い。輸送と貯蔵が簡単でなければならない。

人々がその製品を消費したいと望まなければならない。おそらく人間の味覚にとって主要な魅力である甘さが必要であろう。しかし、すべての飲料が甘いとは限らず、それよりも心地よい感覚に訴えるものもある。その飲料は、心と体の元気を回復させ、快活にし、力を与え、緊張をほぐさなくてはならない。また、安全でなくてはならない。多くの微生物が飲料を通して吸収されることがあり得るからだ。きれいな水のかわりになるものは、何百万もの人々を引き付けようと思ったら、比較的細菌から自由なものでなくてはならない。

最後に、夢のような飲料が主要な水分摂取源となるものであるとすれば、それは純粋にのどの渇きをいやすもので、仕事や集中の邪魔になることなく、一日に一―二パイントを飲むことが可能でなくてはならない。

都市文明が生まれ、ある種の飲料がのどの渇きをいやすものとして有望だった。穀類や果実の汁を、酵母など発酵を早める物質を使って発酵させる飲料で、ビールやワインがこれにあたる。

世界の歴史で大きな役割を果たした様々な「ビール」はしかし、水に替わることはできなかった。ひとつの問題は、つぶした穀物とそこからできる液体は、すぐに新鮮でなくなることだ。昔はよくわかっていなかったが、バクテリアの繁殖に絶好の環境だった。これに対処する方法をみつけようとして、偶然と実験の末、ある種の植物を手順の途中で加えると醸造の過程が進み過ぎないということを発見した。これは、ビールに風味と香りを与え、しばしば味を良くするように思われた。

おそらくパン作りに最初に使われていた技術を応用して、古代エジプト人にはこれがわかっていた。何千年も前から北ヨーロッパで知られていたツル植物、ホップが特に有効だった。古代ゲルマン民族がホップを使ったビールを作っていた。私たちは今ではホップの渋みと苦味が、ある種の保存を助ける物質を含むしるしであることを知っている。この物質が何であって、これが何を壊しているのかという興味をそそる問題が、ルイ・パスツールがホップとビールについて博士論文を書こうと決心した背後にある。解くことができれば、この科学者に相当な富をもたらす問題だった。

特にイギリスの「弱いビール」のように軽いものが作られれば、ビールの大きな利点は、激しく酔うことなく一日中飲めるということだった。アルコール度数が低く（約二―三％）、大人の男性だけでなく、女や子どもも飲むことができた。甘くはなかったが、心地よさを残し、多くの人が「美味しい」と思ったので、スーパードリンクとして成功するための条件に合っているように思われた。病気を運ばないように思われて、比較的安全でもあった。

ビールの普遍的飲み物としての大きな欠点は、製造過程で大量のモルト、ホップそれに何よりも穀物を使うということだった。一七世紀のイングランドでは、収穫される穀物の半分がビールの醸造に使われていた。ビタミン、炭水化物、たんぱく質を摂取する効率的な方法ではあるのだが、収穫穀物の半分を飲料に使って、まだパンのための穀物が十分にある国というのは幸運な国である。大規模にビールを製造できる種族もいたかもしれないが、大きな農耕文明が長期にわたって水のかわりにビールを飲んでいたことはない。それで、広い意味で大きな障害になったのは、コストである。

非発酵の果実汁はもともと実用的でなかったが、ワインは代替物になり得た。ヨーロッパのブドウから作るワインでは、果実の中の部分、柔らかい実が液体を出し、皮が防腐作用のある抗菌物質を含んでいる。熟成する間、その抗菌物質によって有害なバクテリアの繁殖が抑えられ、ワインが腐るのを防ぐ。

しかし、ワインには総合飲料として二つの欠点がある。普通、ワインはビールの二―三倍の一〇―一五％のアルコール度数を持つ。ワインだけを飲んでいると慣れている人でも一日二―四パイントで酔ってしまい、口がからからに渇く。勿論、水と混ぜて飲むこともできて、防腐作用が浄化ももたらすが、バランスをとるのがたいへんだ。水が多すぎるとワインはその魅力を失ってしまう。

第二の問題は、土地と労働力からくる製造コストだ。大きな国のすべての人が飲むものをすべてワインでまかなおうとすると、広大なブドウ畑を必要とし、これは耕作及び牧畜を脅かすことになろう。それに、特に摘み取りと圧搾の段階で、巨大な労働力投入が必要だ。非常に労働力の集中が必要で、人口の多くがワイン製造に縛られなくてはならず、その人達の食料の問題がでてくる。ビールと違って、ワインの製造工程は機械化するのが難しい。ビールとパンになる穀物は、動物や風車や水車を使った製粉機や、進んだ刈り取り機を使って、同じ種類の道具で加工できる。そのことにより、簡単に、比較的少ない労働力投下で大規模な生産ができる。

このため、あるいは他の理由もあって、フランスやイタリアでさえも、どんな国も、ワインを全住民の主要な飲料とすることはできていない。上層の階級の人々でも、ワインだけを飲料とすることはできなかった。一九世紀までふつうの人々は水とワインを少し、北フランスとドイツでは、ナシやリンゴから作った飲料を飲んでいた。

そして、蒸留酒がある。穀物を発酵させ、茹でて、その蒸気から液体を凝縮する。こうすると、殺菌された状態になる。微生物は、沸騰させることにより死滅し、蒸気には含まれない。日本の米から作る酒、ネパールやチベットの雑穀酒、スコットランドやアイルランドの穀物酒などすべての蒸留酒は、一般的にバクテリアや他の汚染物質に関して安全である。不都合なことに、人間の生命を維持するのに必要な数パイントを一日に飲むと、蒸留酒の場合、ひどく酔っ払ってしまう。さらに、蒸留してアルコール度数が高くなった酒は、製造過程でかなりの熱量を消費してしまい、製造された液体の量は比較的少量となる。気分転換や、宗教的な目的のためにはたいへん好まれるが、人間の水分補給の必要を満たす完璧な世界的飲料候補としては、蒸留酒は問題外だ。

最後に、植物の一部を水に入れて成分を抽出して飲む飲料がある。ふつう、沸騰している湯やとても熱い湯に植物の適切な部分を浸して、有効成分を溶け出させる。抽出液飲料としては主に三種類が広範囲に広まった。そのうちのふたつ、ココアとコーヒーでは、植物の実あるいは豆を挽き、湯を加える。どちらも、砂糖なしだととても苦い。今日、豊かな社会ではこれらはとてもよく飲まれている飲料であるが、大規模にココアを生産するにはコストがかかり、伝統的なコーヒーには非常に多くカフェインが含まれているために、どちらも水に替わる飲料とはならなかった。

もう一つの抽出液飲料は、葉、花、実を使うものである。これらは、「茶」と呼ばれ、本来の茶とその他ハーブティーなど数多くの種類を含む。茶樹から作る茶は、上に挙げた基準にてらすと点が高い。安価に生産できる。原料となる植物は、六週間くらいで新しい葉を出し、生産性が高い。中国の中央から東アフリカまで、広い気候帯で栽培できる。ポットに一杯の茶を淹れるのに、数枚の葉で足りて、それを再度使うことができる。乾燥茶はとても軽く、貯蔵もきく。飲むにあたって準備は簡単であるが、人の遊び心と儀礼好きをくすぐるに十分な準備に凝ることもできる。非常に安全な飲料で、多くの人は特別な恩恵を健康にもたらすと信じている。飲む人に刺激を与え、休ませ、楽観的にし、集中力を与えるので、魅力的である。有害な副作用もなく、一日中飲んでいても大丈夫な穏やかさをもつ。

であるから、茶は常に世界を征服する飲料としての可能性を秘めていた。過去二千年にわたり、茶の帝国は広まり、歴史上最も大きな中毒をもたらしている。中国の神話伝説神の神農皇帝が次のように言ったと言われている——「酔いをもたらすことなく、愚を語らせることなく、醒めたときに後悔するようなことをさせることもなく、茶は、酒に勝る。茶はまた水にも勝る。病を運ぶことなく、腐敗したものを含むこともないので、毒とならないからである。(1)」

茶　　道

第三章　茶道　翡翠色の茶

この名高き植物の歩みは、真実というものがたどる道のようなものである。初めのうちは疑わしく思われる。それを味わう勇気をもつ者にはとても快いが。広まろうとすると抵抗にあう。好まれ広まってくると濫用される。そして最後には、時とそれ自体の美徳のゆっくりとした抗い得ない力が働いて、宮殿から小屋まで各地あまねく喜びをもたらし、勝利する。

アイザック・ディズレーリ（一七六六—一八四八）

茶樹がどこでいつ生まれたのか、いつ誰が最初に栽培したのか、確かなことはわからない。わかっていることは、茶樹が東ヒマラヤの密林のどこかで発達したということだ。そこでは、驚くべき早さで進化が進み、熱帯低地から盛り上がる山々が温度と微気候に多様性をもたらし、縁取るヒマラヤ山脈にモンスーンの雲がぶちあたって世界でも最も激しい雨を降らせることもあって、世界的にみても最も多様で豊かな植生を形成している。

はじめはこの地域の猿やその他哺乳類が茶樹の一部を噛んでいたのだろうと思われる。人類がこの地域に広まったのは、一〇万年から六万年前で、おそらく猿を見て人類は茶を噛むことを覚え、茶が心身に刺激を与えるとともに心身に休息をもたらすことも知った。密林を歩き回ったり、山を登ったりするような激しい運動をするときには茶が良かった。このような目的で、今でも人々は茶葉を噛む。たとえば、セリーナ・ハーディが『茶の本』で書いているように、トルキスタンでは使用済みの茶葉を噛む。そうすると、「食糧が少ないときに旅の疲れを和らげるのに役立つ。」[1] 昔の森の住人たちは、傷に茶葉をこすりつけると、あるいは、挽いた茶を傷に包帯するときに使うと、治癒を助けることも知っていたであろう。ナガ族、シャン族、カチン族や近隣の山岳地帯の部族がこのような方法で茶を薬として用いていると最近の報告からわかっている。このように茶は活力を与え薬効ももっていたので、茶を噛む人類や猿は、生存競争で優位に立ったであろう。何千年にもわたって、茶と哺乳類は共存関係にあり、哺乳類は茶を消費し茶樹に手を貸して、意識しなくとも茶樹の広範な成長を助けていた。

茶は、常に湯で煎じて飲んでいたとしばしば思われている。しかし、沸騰する湯に葉を加えるのは、自明の使い方というわけではなく、最初に茶を消費して、人類にその魅力を示した猿やその他の哺乳類がとっていた方法ではなかったことは確かである。北部タイ、ビルマ、アッサム、中国の南西地方の森に住んでいた人々の間での茶の消費のしかたを述べた古い記述では、茶が飲むものとしてではなく、食べるものとして描かれているのは驚くにあたらない。ビルマ、北部タイ、雲南の種族には、今でも野生の茶樹の葉を使って「蒸して発酵させた茶で小さなかたまりをつくり、噛んでいる」人々がいる。(2) この地域に住む人々の習慣を記述した初期の探検者たちが書いたものをみると、森の人々の茶利用方法が少しわかる。「北部シァム［タイ］のシャン族は、ミエンと呼ばれる野生の茶樹の葉を蒸すか茹でて、円いかたまりを作り、塩、油、ニンニク、豚脂、干魚と一緒に食べる。この習慣は、今でもその末裔にみられる。(3)」ビルマの国境付近のジンポー族やカムティ族が「野生の茶葉を細かく刻み、葉柄や葉脈をとって、茹でて丸め、日干しにし、貯蔵してあったものを使って煎じ液を飲んでいる。」と一八三五年に書いている人がいる。この習慣は、今でもビルマの茶葉サラダに受け継がれている。「これは茶の漬物で、ペルング族は、密林に生えている茶の葉を茹でてこね、紙に包むか竹の節に詰めて、何ヶ月か地面に掘ったサイロで発酵させる。そして、こうして出来たものを掘りあげて、婚礼の宴会やめでたい席で贅沢品として供する。(4)」

茶を湯で煎じて飲むことが発見された。伝説によれば、このツバキ科植物の葉が偶然湯の中に落ちたのが最初であるという。そして茶は飲料となった。その使い方が、中国、チベット、モンゴル、中央アジアの他の地域へと広まっていった。しかし、高地では、少なくとも半ば食べ物の形にたちかえることになった。ヤクのバターと砂糖、茶葉のかたまりと他の食べ物をつかった粥状の茶スープである。昔の東ヒマラヤの種族の茶の使い方にあたる。(5)

時が進み何千年か前になると、中国南西部を含む東ヒマラヤの種族は、この魅力的な葉を森林山岳地帯の裾に住む他の種族との交易に使い始めた。その中には、偉大な文明をもった中国定住民族もいた。

中国の文献では、茶の伝説は紀元前四世紀あたりに遡る。森林地帯の多くの他の生産物と一緒にこの葉を持ち帰った中国の交易者は、特に寺院や僧院を恰好の客とした。ほとんどすべての宗教者が成功の機会を導く「薬」あるいは「薬草」を評価し、精神世界に登っていく道を短縮し、世俗の地位を確保してくれるこの植物を競うようにとりいれた。

中国で広まっていた宗教（道教や特に仏教）の実践者たちは、精神の集中を助け眠気を覚ますことによって瞑想を助ける植物に特に魅力を感じた。この新しい霊薬を非常に高く評価して、ある仏教宗派では、茶を飲むことが精神集中の四つの方法のうちのひとつになるまでになった。他の三つの方法は、歩くこと、魚に餌をやること、座禅することである。

問題となったのは、茶葉が遠くの森で育つということだった。解決法は、茶樹を移動させて、その形を大きな森の木から小さな収穫のたやすい潅木に変えることだった。これは易しいことではなかったが、中国の寺の富と組織がそれを成し遂げた。

記録の少ない初期の茶についてはあまりよくわかっていないが、一九世紀末の日本の岡倉覚三（天心）がかいつまんで述べてくれている。

南シナの産物である茶の樹は、大昔からシナの植物学及び医学に知られていた。古典には、タ、セツ、セン、檟《か》、茗《みょう》などと様々な名前で引用されていて、疲労を軽減し、精神を爽快にし、意志を強固にし、視力を回復する効能があるとして高く評価されていた。内服薬として服用されただけでなく、煉り薬としてリューマチの痛みを緩和するために、外用薬としても適用された。道教徒は茶を不老不死の霊薬の重要成分であると主張した。仏教徒は彼らの長時間に亙る瞑想中の睡魔予防剤として広くこれを用いた(6)。

中国南西部で最初に栽培されるようになってから五世紀くらいまで、茶は主に寺の庭園を通して広まった。茶は、主に薬草だと考えられ、洗練された薬種の一部をなす多様な中国の薬草類と一緒に栽培された。様々な種類の茶が、頭痛、心臓の痛み、肝臓の不調、腹痛など様々な不調に対処するために開発された。

一方でこの植物は特別だった。他の薬用植物の多くと違って、茶は治癒するだけではなくて、心身を使う仕事を助け、おいしい活力剤飲料をつくったからだ。僧以外の人々の間でも、この使い方がされるようになり、四世紀か五世紀までには長江峡谷の住人たちの間で、よく飲まれるようになった。この驚異の飲料の人気が高まるにつれて、世界でも最も大きな市場に向けて生産されるようになった。唐代（六二〇―九〇七）に、茶は中国のほとんどの地方に広まり、八世紀になって最初の茶に関する書物である陸羽の『茶経』の出版によりますます関心を集めた。(7) この簡潔で優れた書物は、千年にわたって茶の生産者と消費者のバイブルになった。茶の生産と消費のそれぞれの段階の精髄を描写している。「茶は南部の偉大なる木からきて」いることを説明して本は始まっており、どんな状況でもっともうまく育つのか、どんな葉を摘むものなのか描写している。

茶の用途だが、味は寒性の極で沈静の薬効があるから、腸が詰まっているとき、お腹の具合が悪いときに飲んでよい。味は最も冷たいときに飲用として最も適している。一般の人であっても、もし、口の中が熱っぽく乾いている時、うっとうしい時、頭が痛む時、目やにが出る時、手足の具合がよくなくて、節々がのびない時、まあ四五回も啜れば、醍醐・甘露を飲んだ位の効果があるものだ。(8)

中国人は、ツバキ科の茶の葉が手に入らないときには、別のものを煎じた。

中央及び東部中国の山岳地帯では、農民は本当の茶は滅多に口にせず、いろいろな代替物を用いる。湖北省《フーペイ》西部では野生の梨やりんごの葉を棠梨子と方言で呼びそれを茶の材料にしており、飲用に沙市《シャーシ》に運ぶ。このような葉からの抽出液はこげ茶色で口当たり良く渇きを癒してくれる。こ

れは紅茶と呼ばれ、西部地方の貧しい人々の間で一般に飲まれている。(9)

何もないときには、中国の人々は、「仮想」茶あるいは「白湯」と呼ぶものを飲んでいると想像して、本当の茶にかわる劣った模倣物としての湯を飲んだ。多くの種類の茶が栽培されて、遠くまで運ばれた。特に苦味のある種類が薬として珍重された。

四川省の大きな薬屋ではどこでも、そしてついでに言えば中国のどこでも、「普洱茶」として知られるものが売られている。……この茶はシャン族のいる地域で育ち、……苦味をもっていて消化にも神経にも刺激を与えるので中国全土で薬として有名だ。これはまた、チベットの富裕なラマ寺にも入っていき、そこでも薬効が高く評価されている。(10)

水にかわる安全で爽快なものへの需要は、唐の著述家たちが人々に茶を飲むことを勧めていたちょうどそのとき特に望ましいものだった。八世紀ころに、中国の人口の中心地は南に移っていた。人々は、新たに改良された驚異の植物である稲を育てて長江流域の肥沃な土地に定住し、人口を増やしていた。それ以前は、北部では、大麦とキビが栽培されて、少なくともアルコール分のある飲料のための穀物として利用され、人口は非常に少なかった。ところがこのころ、人口増大が加速し、都市が拡大していた。土地が足りず、耕作可能な土地は、稲作のために必要だった。

茶は、中国陶磁器の生産を刺激した。茶の生産の変遷と茶の飲み方の変遷は、中国陶磁器の繁盛期に反映されている。岡倉が、茶碗につかわれる様々な陶磁器の優劣を論じている。

中国の磁器は、周知の通り、その源は硬玉《ひすい》の優雅な色調を再生しようとする試みに始まり、その結果唐代において、南部の青磁と北部の白磁を見るに至った。陸羽は青を茶椀に理想的な色と考えた。青は茶の緑色を増すが、白色は茶を淡紅色にして味を悪くするからである。それは彼が團茶を用いたからであった。その後宋の茶人たちが粉茶を愛飲するようになってから、彼らは暗青色と暗褐色の重い茶椀を好んだ。明朝の人々は煎茶を用いて、白磁の軽い器を喜んだ。(11)

もっと大胆に、茶の時代は中国文明の変遷段階に関係していると岡倉は論じている。

好みによって異るぶどう酒の銘柄でさえ、ヨーロッパにおけるそれぞれの時代の国民性の特質を示しているように、茶の理想も種々様々な東洋文化の情調を特色づけている。煮る團茶、かき廻す粉茶、煎じ出す葉茶はそれぞれ、シナにおける唐、宋、明朝の感情を明瞭に示している。もし芸術分類に濫用されている名称を借りるとすれば、これらをそれぞれ、古典的、浪漫的、そして自然主義的茶の流派と呼ぶことができよう(12)。

茶はますます効果の高い薬と見なされるようになった。たとえば、一五七八年に出版されかなりそれより早い時期の草木も含んでいると考えられている李時珍の本草書では、茶は「消化を促し、脂肪を分解し、消化器官で毒を無毒化し、赤痢を治し、肺病と闘い、解熱し、癲癇の治療となる。茶はまた傷を清める効果的収斂剤と考えられ、目や口を洗うのにも良い」と書かれている(13)。

巨大な中国市場を見込んで茶の生産は拡大し、そして茶は中国の外にも広がっていった。中国人にとって最も重要だったのは、チベットからシベリアにかけての中央アジア高地遊牧民が関心をもったということだ。

この諸民族は、寒風と冬の寒さが人体に大きな負担となる地域に住んでいる。彼らは何世紀にもわたって水と乳を飲んできた。彼らにこの不思議な葉が伝わり、中国人はこれを売って畜産物と引き換えたいと思っていた。これに彼らがもっている乳とバターを加えると、高地の厳しい気候にも耐えられるような元気がわいてくるようだった。

固形茶の大規模な交易がシルクロードやその他の多くの道で栄え、中国南西部からシベリアへ、中国から中東イスラム文化圏までも、十字型の貿易路を作った。険しい土地であったので、ここでは交易品の多くを高地まで人が背負って運んだ。一二世紀頃までには、固形茶がどこででもみられるようになったので、中央アジアの多くの地方では、通貨として好まれた。茶通貨は、価値の単位、交換の手段、富の貯蔵手段として主な貨幣の機能を果たすのに打ってつけだった。軽くて、統一の形にすることができ、それ自体価値があった。銀貨や紙幣に勝る大きな利点は、究極の場面で食べたり飲んだりできるということだった。絹とならんで、茶は、草原地帯の武装した騎馬民族が中国から欲しいと思う数少ない貴重な物品となった。

他の通貨にまさる茶の利点に、ウィリアム・ユーカースはもう一点付け加えている。

中国での茶通貨は、茶そのものと同じくらい歴史のあるものである。西洋文化が誕生するはるか前に、中国には紙幣があったが、その多くが遊牧民族である内地の部族との商取引ではほとんど役に立たなかった。神秘的な価値をもつ様々な鋳造貨も同様に使えなかった。しかし、茶（加圧した茶通貨）は、消費の対象にしても良かったし、別の物々交換をする際に使うこともできた。発行元から離れて流通していくと価値が減ずる貨幣と違って、茶通貨は中国の茶園から離れていくと価値が上がった。初期の茶通貨は、荒い塊だった。こういったものは、花崗岩ほどにも硬い機械製固形茶にとってかわられた。(14)

今日に至るまで、茶は、中央アジア遠隔地の一部では通貨として使用されている。

こうした高地で茶がどのように供されたかについて多くの描写がある。その中には、チベットでの茶の重要性と、茶を他の食べ物と組み合わせる方法の両方を語る描写がある。ユーカースによれば、一九三〇年代に「モンゴル人やタタール人は、固形茶を粉にしたものを、アルカリ性の草原の水と塩と脂と一緒に煮てスープのようなものを作る。それを濾して、乳、バター、炒った粗引き粉と混ぜる。」こうしてできたものと、米としょうがを混ぜることもあった。ユーカースは次のようにも書いている。「煮て攪拌したバター茶は、チベット人の定番であり続けている。一日に一五杯から二〇杯飲まないチベット人はいない。七〇杯から八〇杯飲む人もいる。(15)」

一九世紀はじめのチベットを旅したウィリアム・ムアクロフトがもっと詳しいことを語っている。「朝食の時に、ひとりが五杯から一〇杯飲む。一杯が二〇〇ミリリットル弱だ。最後の一杯を半分飲んだら、残っているのを大麦粉と混ぜてペースト状にする。……昼食には、余裕のある人は、小麦のパンや、小麦と小麦粉、バター、砂糖を練った温かいものを添えて、また茶を飲む。」

ローレンス・ウオデル大佐が『ラーサとその神秘』で飲料の重要性について述べている。チベット人を描写するにあたり、「一日中、温かいバター茶を飲んでいる。これはスープのようなものだ。健康的であるのは疑いない。寒地で元気を与える温かい飲み物であるというだけでなく、水が汚染されている国で生水を飲む危険を避けさせてくれるからである。(16)」

茶は、栄養の点から言っても重要だった。この地域での飲み方では特にそうである。茶は、ビタミン、マグネシウム、カリウム、その他の栄養を葉に含むが、濾して飲む場合にはそれが失われてしまったり激減したりする。さらに、茶葉は、発酵乳と野菜と混ぜると、ビタミンCの吸収を助けて野菜の栄養価を劇的に高める。実際、これは乾燥地帯で緑黄色野菜の不足を補うものになった。アメリカ人歴史家のS・ウェルズ・ウィリアムズは、もうひとつの点について述べている。

茶について、他の食用植物と共通する特筆すべき成分の一つは、グルテンである。これは茶葉の重さの四分の一にあたる。これを正しい調理法で最大限に引き出すのは、茶葉を食べるという方法である。アジアの平原で一般に固形茶が飲まれているのは、グルテンの栄養のためである。ユック［中国旅行家］(17)は、慣れていなかったので他のものがない時にこれを飲んだが、自分のらくだの御者は、一日に二〇杯から四〇杯は飲んでいたと述べている。(18)

最後に、茶は、厳しい気候、特に寒さから身体を守るというきわだった利点をもっている。エスキモーは茶を知ると熱心に飲むようになり、遊牧民族は分厚い毛皮があるとはいっても、バター茶の恩恵を得ていたのだろう。

一五世紀までには、喫茶は世界の多くの人々に多大な影響を与えていた。南は北部ビルマから、北はシベリア、東は中国の海岸地域、西はロシア東部にわたる広大な地域で、人々は茶を飲んでいた。しかし、茶が文化と経済に最も大きな影響を与えたのは日本だった。

茶が日本に導入されたのは、おそらく紀元後五九三年である。そして、中国が日本に強い影響を与えた時期の一つにあたる八世紀及び九世紀の間に茶葉と茶樹の輸入が増大した。中国同様、茶樹は、病を癒し、瞑想中に僧たちを助ける薬用植物として寺院の庭園で栽培された。しかし、このころは茶の使用と影響は、朝廷と寺院に限られた。中国で誰もが飲むようになったような道を日本はたどらなかったようである。

一二世紀末に、新たな仏教の宗派が数多く生まれた。禅宗をはじめ仏教各派が栄え、僧らは非常に厳格な修行と瞑想を行った。一一九一年、栄西という僧が中国から日本に帰った。このとき彼が持ち帰ったのが、臨済宗と粉状の緑茶である。栄西は、茶の効用が最大限に生かせるような茶の育て方、摘み方、淹れ方、飲み方について詳細な指導をしている。栄西はまた、中国式の茶葉の扱い方を日本人に教えた。「朝露がおく前に摘むこと、焦げないように弱火で紙の上にのせて焙じること。竹の葉で作った栓つきの容器で保存すること。」[19] 茶は、手のこんだ茶道に組み込まれていき、日本の文化的生活に大きな影響を与えるようになった。

栄西は、『喫茶養生記』という二巻本を書いた。そこで彼は多くの種類の病気に対して茶がもつ治癒力を確信をもって論じている。「茶は、健康維持のための最もすばらしい薬である。これは長寿の秘訣である。丘陵で茶はまるで大地の精のように葉を芽生えさせる。茶は昔と同じように今でも並々ならぬ特質をもち、私たちはもっとこれをよく使うべきである。」彼は次のように論じた。「人間の五臓の健康は、それぞれが嗜む五つの味を多く摂取することによって強化される。……しかし、辛味、酸味、甘味、塩味の四つの味を人は摂るが、心臓に必要な苦味は不快であるのでなかなか摂れない。こういう理由で、日本人の心臓は病んでおり日本人は寿命が短い。幸いなことに大陸の人々から学ぶことができるのであるから、茶の苦味を吸収して心臓を健康にしなくてはならない。[20]」

栄西は、「喫茶は長寿の秘訣である」としている。茶は、心臓だけではなく身体の多くの部分に健康をもたらす。「茶は、眠気をさまし、肝臓及び皮膚の不調、またリュウマチや脚気に効き目があると信じられていた。」栄西は、茶を「食欲不振、飲み水からの疾病、麻痺、腫れ物、脚気の五種類の病気を癒すものとして」強く勧めた。更には、茶は、「あらゆる病気の治療薬である。」とも述べている。彼が茶と自分の著書を将軍源実朝（一一九二―一二一九）に送り、将軍の深刻な食中毒を癒したことから、栄西の思想は大いに勢いを得た。実朝は回復すると茶を愛するようになり、日本に茶を飲む習慣を広めるのに一役かった。

日本の茶信仰がここに始まった。茶は、世界各地でシャーマンが霊の世界に入ったり霊の世界との交感を行うのを助ける幻惑剤のようなものになった。この新宗派ともいえる文化では、隠遁、自己放棄、無の会得の修行の神秘的核心を茶が形成した。最大限に効果を引き出すために、つまりカフェインやその他の弛緩物及び刺激物を最大限に引き出すために、茶は最も純粋で最も強力な形で供されなければならなかった。それで、茶葉を粉にし、なるべく新鮮なうちに使った。神秘の力を強調し、神秘の力を信ずるように仕向けて、神聖とも思われるようなしかたで茶は供される。そうして、あの入念に作り上げられた茶道が発展したのだ。昔から仏教徒が言い習わしているように、「禅のたしなみと茶のたしなみは同じである。[21]」

室町時代（一三三六年から）までには、日本ではどんな階級の人間でも茶を飲んだ。[22]茶店あるいは屋台の茶屋が日本の街道沿いに現れた。茶の栽培は容易だった。潅木を小さく刈り込むことができ、（潅木は刈られた面全体に芽を出したので）非常に生産的で、北国以外では日本のどこでも育った。多くの点で日本は茶の原産地に似て温かく、湿気が多く、山がちで、茶樹はヒマラヤに似たこの国に素早く適応した。一三世紀から一六世紀に、茶樹は新たな帝国に入植したわけだ。

少しでも土地があればどんな家でも茶樹を一、二本植えて自給自足でき、しかも潅木は見た目もよく利用可能な生垣となった。刺激的健康的な煎じ液を得るためには、葉は一枚か二枚でよく、茶葉は何度か使えるので、これは経済的かつ楽しむことのできる日本の生活の一部となった。

何故茶はこのように急速に異なる文化をもっている地域に広まったのか。非常な難問である。この成功を説明する一つの重要な要素は茶の用意のされ方にある。多くの飲料は、ある場所で作られて、貯蔵され、後になって供される。飲む時、飲む場所では、水差しや樽から注がれるだけということになる。簡単な動作で、ほんの一、二秒しかかからない。飲み物を準備し、客に振舞う作業をめぐって社会的相互作用のおこる可能性は少ない。美的工夫を凝らしたり、社会的儀礼が伴うようなことも少ないであろう。儀式的なことを求める人間の欲望は、「ポート・ワインを回す」ことや、コルクを抜くときの儀式めいた動作などの習慣にみられるように、手順に手間暇かけようとする行為にみられる。茶を淹れることは、創意工夫をこらす場を提供する。

日本の茶道は、食べ物、飲み物の消費を儀式化した歴史的に見ても最も極端な例である。日本の伝統的茶道でどのようなことが行われていたか、ほんの一部の要約であるが以下に示すのは、一八七〇年代に日本を訪れたアメリカ人学者のエドワード・モースが目撃した茶道である。「手短に言えば、主人が四人の客を招いて会の成立です。その人たちの前で決まった形式を踏んで茶碗に茶を準備します。そして客に供するのです。」次にモースは、このような場の重要な要素である儀式用物品について描写する。

茶は、まず細かく微細なまでの粉に挽いて準備する。これは、それぞれの集まりごとに新たに挽き、象牙の蓋のついた小さな陶器の器に入っている。この器が収集家にはよく知られている茶入れだ。漆塗りの容器を使うこともある。茶道で使う主な道具には、風炉、あるいは炉と呼ばれる陶器でできたもの（床に作ったくぼみに炭をおく灰をいれるようになっているものもある）、湯をわかす鉄製の茶釜、湯を汲むための非常に繊細な構造をもった竹でできた柄杓、茶釜に水を補充するための広口の水差し、茶を点てる茶碗、抹茶をすくうための竹製の茶杓、ある種の泡だて器に似ていて湯を加えた後で手早く掻き混ぜるために使う茶筅、水差しと茶杓を正しく拭うための絹製の袱紗とよばれる四角い布、陶器か青銅か竹筒を切ったものでできた茶釜の蓋用の小さな台、茶碗を洗ったあとで湯をこぼす浅い器、炉縁の埃をはらうための鷲などの大きな鳥の羽三枚でできた刷毛、それから浅籠である。この籠の中には、火にくべる炭だけでなく、炭を扱うための火箸とよばれる金属の細棒、火から茶釜をおろすときに使う金属製の区切れのある輪が二つ、茶釜を置くための円い敷物、燃やすと特殊な香りを放つ木片がはいった小さな箱が入っている。

こうした物品を用いて、茶を点て、服することは、何時間もかかることもある凝った一連の儀式的動作となる。茶を準備するだけで、一時間かもっとかかることがある。「炉と鉄の茶釜を除いて、これらすべての道具を、流派で決まった型に則って、主人はかしこまって順序正しく部屋に持ち込み、畳目の正確な位置に据えなくてはならない。茶を点てるときには、道具は非常に正確で正式なしかたで使われる。」

主人が客にただ一服の茶を出そうとしていることを思い返すと、これすべてがあまりにも手が込みすぎていてかしこまって、尋常でない動作の陳列である。「茶道のことを何も知らない人が、茶を点てるのをみると、想像を絶するグロテスクな行動に見えるであろう。茶道の多くの動作は、無駄で馬鹿げているように思えるだろう。」しかし、よく知るようになると、複雑な体系全体が理解できるようになるし、深い意味を持っている。エドワード・モースは更に続けて次のように言っている。

茶道の稽古を積むと、若干の例外はあるが、自然で簡素であるということがわかった。こうした場に集まった客は、初めてみたときにはカチカチになっているように見えたが、実は楽にしているることが常である。道具の正しい位置のとりかたや、それを扱う連続した動作と茶の点て方は、すべて自然で滑らかな所作となる。茶入れを軽くふいてみたり、茶碗をゆすぎ、茶碗を拭くときには何回も縁で折り返してみたり、茶筅を茶碗の側面にあてて落としてから持ち上げてみたり、その他の動作もグロテスクなほど形式ばっている。けれども、われわれの正式のディナーパーティでのエチケットも、それぞれの道具を正しく使う際に守る作法をみると、初めてみた日本人にとっては同じように奇異で理解不能だろう。(23)

茶に特殊なのは、点前の簡素さと、供するときの精神であり、これは一六世紀後期の日本最高の茶人である利休が見事に述べている。茶の技は、焚き木を集め、湯を沸かし、茶に湯を注ぎ、客に供するに尽きる。非常に簡素な道具に非常に簡素な動作が伴うが、気遣いと注意と技術がある。ここに創造性の余地があり、人を感服させる茶人が生まれる。一連の流れは、湯が沸くまでの間、それに茶を点てるときにも及ぶ。このために、茶を淹れるということが凝って美的なものになりうる。

内面的な意味を知ろうと思ったら、堺の寺にある小部屋の壁に千利休が記した七則を見るとよい。(24)

賓客腰掛に来て、同道人相揃わば、板をうって案内を報ずべし。

手水の事、専ら心頭をすすぐをもって、この道の肝要とす。

庵主、賓客を敬い、客庵に入るべし。庵主、落ち着きなく趣なくて、茶飯の諸具趣なく、露地の天然および樹石の配置、そのこころを得ざる輩は、これより速に帰去れ。

沸湯松風に及び、鐘声至らば、客再び来たれ。湯合、火合の差となる事、多罪。

庵内、庵外において、世事の雑話、古来禁之。

賓主歴然の会、巧言令色入べからず。

一会始終、ふたときに過ぐべからず。但し法話・清談に時うつるは制の外なり。

茶の哲学的成り行きと哲学的効果についての最善の描写は、岡倉天心の『茶の本』(一九〇六)である。

茶は初め薬として用いられ、後に飲料となった。シナにおいては八世紀に優雅な遊びの一つとして詩歌の領域にまで浸透した。十五世紀になると、日本ではこれを一種の審美的宗教、つまり茶道にまで高めた。茶道とは俗事に満ちた日常生活の中にあって、美を崇拝することに基づく一種の儀式なのである。それは純潔と調和、相互愛の神秘、そして社会秩序のロマンチシズムを人々の心に植付ける。茶道の本質は、「不完全なもの」を崇拝することにある。いわゆる人生というこの度し難いものの中に、何か可能なものを成就しようとするやさしい試みなのであるから。(25)

彼は、茶と宗教と文化がどのように絡みあったかを説明する。

茶の原理は普通の意味における単なる審美主義ではない。というのは、茶道は倫理や宗教と合して、人間と自然に関する我々の一切の見解を表現するからである。茶道は清潔を旨とするが故に衛生学であり、複雑な贅沢というよりは簡素のうちに慰安を教えるが故に経済学である。それはまた宇宙に対する我々の比例感を定義するが故に、精神幾何学でもある。茶道はすべての愛好家を趣味上の貴族にすることによって、東洋民主主義の神髄を代表するものである。(26)

岡倉が言うには、中国本国で蒙古襲来によって断絶した中国文明の伝統を日本が受け継いでいる。茶は我々の場合、飲み方の形式を理想化する所のものとなった。それは生の術に関する一種の宗教なのである。茶は純潔と優雅を崇拝すること、即ち主客協力してその折に世俗的なものから無上の幸福を生み出す神聖な役目の口実となった。茶室は寂莫たる人生の荒野における沃地《オアシス》であって、疲れはてた旅人たちはここに会して、芸術鑑賞という共同の泉の水を酌むことができる。茶の湯とは、茶と花と絵とを主題に仕組んだ即興劇であった。茶室の調子を乱す一点の色もなく、物の律動《リズム》を損じるこそとの音もなく、調和を押し破る一挙手もなく、四囲の統一を破る一言もなく、動作はなべて素朴かつ自然になさるべきこと――これこそ茶の湯の目的であった。それが不思議なことにしばしば成功した。[27]

茶の魅力は、宗教心に基礎をおいているという事実によるところが大きい。それも仏教というものに適合して成立している。これは、仏陀を含めて、すべてのものの背後にある幻想を強調する宗教だった。それで儀式だけが残り宗教的要素が結局は消え去るように感じられた。

わが国の偉大な茶人はすべて禅の修行者であった。そして禅の精神を現実生活の中に導入しようと試みた。従って茶室は茶の湯のその他の設備同様禅の教義を多く反映している。正統な茶室の広さは、四畳半即ち方十フィートで、馝柯羅摩訶秩多《びからまあちた》の経文の一節によって定められている。その興味ある著作によれば、馝柯羅摩訶秩多《びからまあちた》は曼殊室利菩薩《まんじゅしりぼさつ》と八万四千の仏陀の弟子をこの大きさの部屋に迎える――それは真の悟りをひらいた者には空間は存在しないという理論に基づいたたとえ話である。更に露地即ち待合から茶室に通ずる庭園の小径は静慮の第一段階であり、自己啓示への通路なのである。露地は外界との関係を絶って、茶室そのものにおいて唯美主義を充分に味わう手引きとなる新鮮な感覚を生み出すためのものであった。この露地を踏んだことのある者は、常緑樹の薄明の中に、下には乾燥した松葉を敷きつめた整然として不ぞろいな庭石伝いに苔むした石燈籠の傍を過ぎる時、その心が如何に俗念から高揚されるかを思い出さずにはいられないであろう。たとえ都会の真中にいようとも、文明の塵埃と騒音を遠く離れた森の中にいるかのような思いがするであろう。(28)

茶の影響は、宗教や高尚な文化、絵画や陶器や文学にのみ及ぼされたというものではない。岡倉が説明しているように、日本の文化全般に影響を及ぼしている。

芸術界に及ぼした茶人達の影響は誠に偉大ではあったけれども、処世上に及ぼした彼らの努力に比べれば、物の数ではない。上流社会の慣習のみならず、一般家庭のあらゆる些事の処理にいたるまで、我々は茶人の存在を感ずるのである。配膳の方法はもとより、美味な料理の多くは彼らの創案によるものである。彼らは地味な色の衣服だけを着用するようにと教えた。彼らはまた花に接する正しい精神を吹き込んでくれた。彼らは、人間は生来簡素を愛するものであることを強調し、謙遜の美しさを示してくれた。実際、彼らの教えによって茶は庶民の生活の中に入った。(29)

エドワード・モースは、同じような考察をしており、ニューイングランドの清教徒が辿った道との類似を挙げて次のように述べた。「カルバン派の教義が初期清教徒に及ぼした影響に匹敵する影響を茶は日本人に与えている。一方は、芸術愛好家たちの行き過ぎを抑え、装飾衝動を静謐な純潔と簡素へと転換させた。他方清教徒の場合は、……日の目を見たかもしれなかった僅かながらの芸術愛を陰気な教義が打ち砕いてしまった。(30)」

茶室では、階級間の障壁が一時的に消失する。ここは、公平無私の空の世界であり、動きと動作の言語で意思疎通する。ここは、非常に親密な私的空間であると同時に、家族以外の人も、時には見知らぬ人でも入って構わない公の空間でもある。茶室は、外の世界（内の家庭の領域とは違う）であり、しかも安全で公平無私な世界で、普通は家の中でしか行われないような深く親密な交際を可能にする。「日本には宗教がない」と言われる。確かに、規定の公式宗教がなく、聖なる書物もなく、正統とされる聖職者はおらず、徹底的な教義もなく、来世への興味もほとんどない。日本は、美学と作法が宗教の座を大方奪ってしまった社会である。「茶道」は、神も聖職者もおらず、純粋に世俗の出来事であるが、所作が非常に形式化していること、香を焚くこと、供え物（茶）を捧げること、「宗教的な」書を置いた祭壇のようなもの（床の間）があることで、擬似神聖の雰囲気をもっている。

こうして、茶を通じて、禅の禁欲的な精神が日本社会と文化にいきわたった。この話に更に興を添えるのは、同じような影響が別の島、ブリテン島にも多くみられることである。茶は、心身に心地よさを与える飲料以上のものになっている。日本と同様に、これは「道」となり、ほとんど「人生の道」といってもよい。宗教ではないが、情熱を注ぐもの、ゲームと信条と娯楽を面白く混ぜ合わせたものになっていることは確かである。

東インド会社のクリッパー船，1860年ころ

第四章　お茶が西洋にやってくる

［ジェス夫人が］茶を注いだ。茶盆に石油ランプが暖かい光を投げかけていた。ティーポットは陶製で、小さな薔薇の模様が一面に施してあった。……砂糖がかかったビスケットがあった。……ソフィー・シーキーは、トパーズ色の液体が注ぎ口から湯気をたて、香りを立てて落ちるのを見ていた。これも驚異だ。中国の金色の肌をした人々やインドの銅色の肌をした人々が葉を摘み、白い帆をもった船で海を越えて、鉛に包まれ木の箱に入った葉が、嵐や旋風を乗り越え、暑い陽のもと冷たい月のもと航海してここにやってきて、上等の土から器用な指先で形づくられて陶器の町の窯で焼かれたボーン・チャイナから注がれるのだから。

（A・S・バイアット「家庭の天使」『天使と昆虫』）

茶が最初にヨーロッパの文献に登場するのは一五五九年のことである。(1) そして一六七八年に、オランダ人ウィレム・テン・ライネが最初に茶樹を描写し、標本を西洋に持ち込んだ。長崎に到着して数ヶ月後に、彼は茶樹についての評論、クスノキを一枝と、小枝、葉、花を束にして友人に送った。(2)

ドイツ人医師、エンゲルベルト・ケンペルは、植物学者であり博識家で、オランダ東インド会社に雇用されて一七世紀末に日本に住んだ人物で、西洋に茶の知識を普及させるにあたって非常に影響力があった。偉大な著作日本誌において、彼は歴史、政治、工芸、政府、経済について非常に注意深く描写した。茶を含むいくつかの重要な主題について巻末に詳細な付録をつけた。同じように、中国を訪れて記録を残している宣教師も外交官もその他の人々も、様々な病気を治癒させるように思われるこの中国の不思議な植物について描写した。

記録を見ると、最初に茶が到着したのは、アムステルダムに一六一〇年、フランスに一六三〇年代、イングランドには一六五七年である。茶は、「湯をいれて、貯蔵樽に入れて保存し、客が欲しいといえばそこから出してきて温めた。」この段階ではミルクは加えなかったと思われる。多くの新しいテクノロジーがはじめは既存の技術に取り込まれるのと同じように、茶は最初は樽から出してくる暖かいビールのように扱われていた。

一六六〇年代に、「あの優秀なる、すべての医者公認の中国飲料、中国人は茶と呼び、他の国々ではテ《Tay Tee》(3)と呼ばれるもの」と広告され、ロイヤル・エクスチェンジ傍、サルタンズ・ヘッド亭にて売っていた。薬効と効き目について最初に概観が述べられたのは、トマス・ギャラウエイによる茶大判広告で、ギャラウエイのコーヒーハウスでの初めての茶販売を宣伝するために一六五七年に出版された。

ギャラウエイが挙げているのと同じような、茶の医学的効能の一覧が、国会議員T・ポウヴィによって一六八六年に中国の書から書き写された。(4)

1　粗悪でどんみりした血液を浄化する。
2　陰鬱な夢を抑制する。
3　脳に重くのしかかるものを和らげる。
4　頭痛やめまいを和らげ癒す。
5　水腫を防ぐ。
6　頭のなかの湿った体液をかわかす。
7　生傷を治す。
8　閉塞物を除去する。
9　目がよくなる。
10　古い体液と熱くなってしまった肝臓を清浄にし不純物を取り除く。
11　膀胱と腎臓の欠陥を浄化する。
12　過剰な睡魔を追い払う。
13　めまいを防ぎ、人を敏捷で勇敢にする。

14 心臓を強化して、恐怖心を追い払う。
15 ガスがたまることからくる結腸の痛みを追い払う。
16 内臓を強化して、消耗病を防ぐ。
17 記憶力を強化する。
18 意志をとぎすまし、理解力を早める。
19 胆嚢を安全に浄化する。
20 適切な慈悲心の行使を強める。

ヨーロッパに茶が導入されるにつれて、茶の効用と予想される害悪をめぐる論争が巻き起こった。オランダでは、ファン・ヘルモント（一五七七―一六四四）ら医者たちが、体液の損失を復旧するとして推奨した。ニコラス・ディルクス博士（一五九三―一六七四）は、「ニコラス・テュルプ」の名で書いた『医学的観察集』の中で茶を賛美し、これが広く読まれた。

この植物に比するものは他にない。これを用いる人々は、この理由により、これのみにてすべての病から免れ、非常に高齢に達する。非常な生気をもたらすだけでなく、結砂や胆石、頭痛、風邪、眼炎、カタル、喘息、胃の不調や腸疾患を防ぐ。更には、眠気を防ぎ、徹夜を容易にするの

で、書き物をしたり瞑想したりして夜をすごそうとする人々のために大いに役立つ。(5)

大きく扱っているものの一つには、オランダ人医者コルネリス・ボンテクー（別名コルネリス・デッカー）の、茶、コーヒー、ココアの卓越性についての『小論』があり、一六七九年に出版された。ボンテクーは武夷緑茶を非常に賞賛し、著作の一つでは病人は休む間もなく五〇杯、六〇杯、一〇〇杯までの茶を飲むのが良いと真面目に推奨し、実際彼自身がある朝これを行った。彼は結石にひどく苦しんでいたのであるが、この中国の飲料をふんだんに飲むことで治癒したと信じていた。茶は痙攣や癲癇を引き起こすとする人々もいたが、彼は茶を擁護した。それどころか、彼はあらゆる種類の治療効果を茶に認めた。ボンテクーは、マラリアの発作の前に濃い茶を二杯、そしてその後に何杯も飲むことを勧めた。(6)

多くのイギリスの医者たちも茶の特性を調査した。『神経質の考察』（一八〇七）でジェイムズ・トロッターは、コーヒーや煙草のような商品と同様に、茶も「かつては薬として用いられていたが、必需品となっている」と論じた。(7)『茶についての論文』（一七三〇）でトマス・ショートは、茶を血液に加えると、「血清」を分離することを示す様々な実験を報告している。更に、茶は肉が腐らないよう貯蔵するのに役立った。茶が治療法となる病気一覧を作成し、そのなかには、「頭の病」「どんみりとした血液」、眼病、潰瘍、痛風、結石、消化不良その他がある。(8)一七七二年にはレットサム博士が

『茶の医学的効用に関する観察を付した茶の博物誌』を同様の方針で書いた。彼は同じように実験に取り組み、水に浸した牛肉が四八時間で腐ったのに対し、緑茶に浸した牛肉は七二時間経たないと腐らないということを示した。この実験及び他の実験から、「これらの実験から、死んだ動物の繊維に対して緑茶も紅茶も抗菌剤（実験一）及び収斂剤（実験二）の効果を持つことは明らかである。」第三の実験では、第一の実験で使った茶と水を死んだ蛙の腹に注射すると、茶では何も起こらなかったのに対し、水の方は、蛙の足が硬直し動かなくなるということが示された。(9)

茶はイギリスでは値段が高かったので初めのうちはゆっくりと普及した。贅沢品だったのだ。一六六〇年九月二五日にピープスが『日記』に記録してよく知られているように、ピープス夫人は、咳に良いであろうと考えてその薬効のためにということもあって茶を飲んだ。ロンドンの市場に始めて到着したときに、茶は「一ポンドにつき三ポンド一〇シリングという驚くべき値段で売られた。」そして「九年か一〇年で約二ポンドまで安くなった。」コーヒーハウスで飲むことができるようになった頃のことである。しかし一七世紀及び一八世紀初期までは奢侈飲料であった。

茶の輸入の急増と価格の下落がおこったのは、中国とのクリッパー船による直接貿易が始まって後の一七三〇年代以降である。マカートニー卿の中国特命使節での秘書をつとめたジョージ・ソーントン卿によれば、一八世紀末までには、「どんな身分、どんな年齢、男女関わらず、誰もが一年間に、重さ一ポンド以上を」イングランドでは消費していた。[10] これよりも多く見積もっている報告もある。一年間に一人平均二ポンド以上の消費があったとも言われる。「一八世紀末までには、輸入量は二千万ポンドとなり、それはつまり一人当たり約二ポンドということである。」それも公式にはという数字である。「一七六六年には、正式なルートでやってくるのと同じくらいの量が不法にイングランドに到着していた。[11]」茶葉一ポンドで二〇〇杯から三〇〇杯の茶を淹れることができる。そうしてみると、大人は平均一日に少なくとも二杯は飲んでいた。国民全体に広まり、茶は一七三〇年代以降驚くべき急成長をとげたことになる。

この時代に書かれたものを読むと、イギリスのあらゆる地方を通じて喫茶の急速な普及を示している。一七三四年の記録によれば、典型的な中流階級の家族の食べ物について、一人分一週間にパンに五・二五ペンス、茶と砂糖に七ペンスかかっているということだ。[12] 同様の一七四九年の商人一家の家計モデルでは、一週間にパンに三シリング、茶と砂糖に四シリングとなっている。[13] はやくから、少なくとも中流階級では、茶と砂糖は生活の糧であった。

一八世紀半ば、スコットランド出身の哲学者ケイムズ卿が観察したところでは、最も貧しい慈善の対象となる人々でも一日二回は茶を飲んでいた。[14] 茶に反対した人々のものを読むと、いかに喫茶が広まっていたかがわかる。一七四四年裁判官であり作家でもあったダンカン・フォーブスは、「東インドとの交易が始まって茶の価格が下がったので、最も卑しい身分の労働者でも茶購入を企てることができるようになった」と書いた[15]。

一七五一年に、ノッティンガムシャについての本を書いたチャールズ・ディアリングは次のように書いている。

ここの人々の家には、茶、コーヒー、チョコレートがあり、特に茶については、ジェントリーや富裕な商人が絶えず飲むだけではなく、ほとんどの縫い子、寸法とり、糸巻き人まで茶を飲み、朝に茶を楽しむ時間をもち、洗濯女でも茶と焼き立てのバターつき白パンがないとちゃんとした朝食をとったとは思わない[16]。

農学者で著述家のアーサー・ヤングは、「女性たちとほとんど同じくらい、男性たちが茶を食べ物の一品目とし、人夫が茶の席に行き来するのに時間を費やし、農夫の召使までもが朝食に茶を要求する！」という習慣が広まっていることを懸念した[17]。

一七八四年には、ロシュフーコーは、「イングランド全土で喫茶が行われている。茶を一日に二回飲み、費用がかなりかかるのであるが、最も身分の低い百姓でも、金持ちと同様に一日二回飲む。総消費量は莫大である」と述べた。その後更に、「男でも女でもあらゆる人が年間に平均して茶を四ポンド消費すると言われている。これは本当にものすごい」と言った[18]。

一八世紀末までには、貧者について著作のあるフレデリック・イーデン卿は、「食事時にミドルセックスやサリーの小屋に足を踏み入れる労をとろうという人は誰でも気づくことであるが、貧しい一家でも茶は朝夕の普通の飲料であるだけでなく、皆が食事の時に大量に飲む」と書いた。[19] 一八〇九年にはスエーデンからの訪問者エリック・グスターヴ・イェイエル（一七八三―一八四七）によれば、「水に次いで茶はイギリス人としてふさわしい基本要素である。すべての階級の人々が茶を消費する。朝早くロンドンの街にでてみると、多くの場所で外に小さなテーブルがしつらえてあって、それを囲んで、石炭運搬人や職人がこの美味しい飲み物を飲み干している。[20]」

一七世紀後半から茶の需要と供給が急増した。需要の点でいえば、特にオランダとイングランドではすべての階級の可処分所得が数世紀にわたって上昇していたので、質の良い肉やパン、ビールやエール、石炭や泥炭塊、暖かい衣類、革靴、しっかりとした家といった生活のちょっとした奢侈品を購入することができた。この過程が続き、一七世紀後半までにはヨーロッパ北西部の多くで植民地拡大による新たな品物への有効需要がかなりのものだった。タバコ、コーヒー、ココア、絹、香辛料の需要が高く、茶もそれに加わった。

しかし、需要はヨーロッパ内でおかしなほど偏っていた。フランスでも、ドイツでも、スペインでも、イタリアでも茶は本格的に根付くことはなかったが、オランダとイギリスで喫茶が広まった。[21] これは最も興味をひくが、十分な説明が得られていない。はじめのうちどうして茶は主としてイギリスに限られたのか。オランダ人は、特に女性が飲んだが、男性はビールを好み、ビールの人気が続いて、茶をイングランドに輸出した。何故フランスやドイツで茶はあまり売れなかったのか。いくつかの条件が重なってイングランドでの需要をもたらし、他とは違う結果に至ったと考えられる。水を飲みたがらなかったこと、麦芽税によるビール価格の上昇、海に基盤をおく貿易システムなどである。新しい飲料を試す余裕があるイギリスの中流階級の相対的豊かさ、イギリス人が熱いエールやミルク酒やトディやパンチといった熱い飲み物に既に慣れていたという事実、そして輸入の独占権をもっていた東インド会社が茶を特に後押ししたこと、これらを加えるとしたら、茶の成功の理由がいくつかわかった気がするだろう。(22) 歴史によくあるように、ほとんど認識できないような小さな違いから始まって、差は大きくなっていく。それでフランス人は贅沢品としてコーヒーを飲んだ。ドイツ人も。オランダとイギリスは茶が育つ極東に利権をもち、フランス、ドイツ、イタリア、ポルトガルは、貿易関係に限れば、主にアフリカとインドの一部と南アメリカを重視していたという事実が非常に重要であることは明らかである。

問題を別の方向から見てみると、また同じように不思議である。一六六〇年からの半世紀にはコーヒーの方が茶よりもよく売れて、コーヒーハウスが繁盛した。その後コーヒーは影が薄くなり、茶がイギリスでは優勢になった。なぜだろう。考えられる理由がいくつかある。茶は、消費する場で準備するのが簡単だ。焙る必要も挽く必要もない。茶は海を通ってやってくる。これは、中東（そこからコーヒーが中央ヨーロッパと南ヨーロッパにやってくる）から陸路横切るよりも、（少なくともイギリスにとっては）より安全な道だった。茶はさらに、湯を足すことができ、再度使うことができ、茶樹の成長が早かったので、比較的安価に生産することができた。茶の生産は東方貿易と結び付けられ、前にみたように、強大な東インド会社によって推進された。政治と資本が茶の味方につき、価格は下降し、政府は税収の重要な財源として茶を支持した。広告と販売戦略がコーヒーよりも茶を後押しした。ココアは一九世紀には茶と同じくらい広く広告されたのであるが。

政治も同様に重要だった。初期には大量の輸入された茶がアメリカへ再輸出され、アメリカ人もイギリス人同様に茶を大いに飲む国民になるかのように思えた。多くの点でアメリカ人はそうなった。一九世紀、人口はずっと少なかったが、それを考えるとかなりの量の茶がアメリカに輸入され続けた。しかし、ボストンの港に茶箱が投げ込まれた（有名なボストン茶会事件）その後は、茶はイギリスの傲慢さと不当な課税の象徴となった。それで、アメリカ人は私的にはよく茶を飲んでいたが、公には茶を飲むイギリスに対抗して、コーヒーを飲む国民としてのイメージを築いた。

偏向をもたらしたもうひとつの要素は、茶の供給である。一七世紀後半から一八世紀初めに、茶を安全に運搬することに関して飛躍的な改善がみられ、長距離航海から得られる利益も増した。改良された地図、船の建造、海賊に備えての大砲、緯度を知るための六分儀、後には経度を知るためのクロノメーターなどが、喜望峰を回って行く直接航路を開いた。これに伴い、商業組織の新たな形式である株式会社が発達し、イングランド銀行や巨大なオランダの諸行などを通じて資金調達が次第に効率よくできるようになり、それらすべてが、長距離貿易事業を組織し、そのための資金を得ることを容易にした。オランダやイギリスの大貿易会社が利益の多い活動を求め、そういうものに投資する立場にあった。

こうして、一七二〇年代に、最初の中国からの直接貿易の茶がヨーロッパに到着し始めた。茶葉は、軽くて運び易く、貯蔵が容易で、長距離を運んでも傷まず、そしてよく売れた。茶は次第に価値あるものとなり、この新しい貴重な商品は、陶器や絹とともに、ヨーロッパになだれこんだ。しばらくの間は、南米及び中央ヨーロッパ鉱山からの銀（中国が唯一欲しがったもの）が十分にあり、茶の支払いができた。

その結果は価格と量に反映した。イギリス政府は物品税で歳入を得ようとしたが、ビールに必要なモルトの場合に比べて茶についてははるかに困難だった。茶は軽くて嵩が小さく、非常に密輸し易かった。密輸が税を抑制した。今日のタバコやワインにみられるように、政府が税金を高くしすぎると税収は減少する。密輸であがる利益が増加し、密輸量が増大して、その結果、課税された合法的な貿易が縮小する。

茶がイギリスの国民的飲料としてビールに並んだ。薬効について熱心な勧めはあったにしても、茶が特に薬効のために大量に飲まれたという証拠はたいしてない。心地よい刺激と比較的安かったことが茶の魅力であったようだ。中国や日本と違って、やがてミルクと砂糖をいれて飲むようになってこの魅力は増した。砂糖の植民地貿易を急速に拡大している酪農国では、砂糖とミルクが加わって、茶は熱量とたんぱく質価を強化した。

第Ⅱ部　虜になって

ホーニマンの茶の広告，1880年から1899年

第五章　魔　法

「バスが彼をウエスト・エンドに運んだ。紺色の夕暮れを緑と紅のきらめきで打ち砕く途方もない色のイルミネーションの泉の間に、彼はここだと思えるカフェをみつけた。そこは狂気と退廃にとらわれ、一万の灯火をつけた白い宮殿のような喫茶店だった。店は古い建物の上に城砦のように聳え、実はこれは城砦であって、新しい時代の、おそらく新しい文明の、おそらく新しい蛮行の前哨部隊であった。ターギスが入っていった巨大な喫茶店はそういうものだった。彼はただ飲食を求めていたのではなくて、慣れない贅沢の魔法を求めていた。」

J・B・プリーストリ『エンジェル・ペイブメント』

茶が到着して間もなく、イギリス人は中国人や日本人同様、茶に魅了された。イギリスでは、喫茶を楽しむのに主にふたつの場が発展した。ひとつは公の場で、喫茶店や喫茶庭園である。特に一六六〇年から一七二〇年までのコーヒー店が流行った時期には、茶は、もともとはコーヒー店でコーヒーや他の飲み物と並んで供された。こうしたコーヒーハウスあるいはティーハウスは、イギリスの繁栄に重要な役割を果たした。そこでロイズ保険会社やイングランド銀行を含む多くの巨大な国際的組織が生まれたからである。そこは、多くの政治クラブの中心でもあり、そうすると議会制民主主義の興隆にも貢献したということになる。宣教運動の種もそこから育っていった。一八世紀初めには合同協会に創立記念祝いとして特別なティーポットが贈られた。協会の最初の会合は城鷹亭で茶を飲みながら行われ、話しているうちに英国聖公会宣教協会が発足した。さらに、こうしたコーヒーハウスやティーハウスは、作家や科学者の会合場所となり、その結果、思想伝達の中心地となった。

一七二〇年を過ぎると、コーヒーハウスは重要性を失っていった。一方、茶は衰退せず、最初に受け入れられたコーヒーショップや酒場から、新たな場であるヴォクソールやラネラやマリルボーン、クーパー、ホワイト・コンデュイット・ハウス、バーモンジー・スパといった娯楽庭園へと移っていった。庭園では、ロンドン子たちが散歩し、最新型の蒸気機関車の展示や彫刻を見たり、茶を飲んだりすることができた。木立、散歩道、あずまや、催し物、喫茶スペースなどがあって、こうした庭園はしばしば何エーカーも広がっていた。田舎にある優雅な貴族の大庭園を街に移したようなものだ。そこにジェントリも中産階級も集い、「喫茶」しながらおしゃべりをし、情報を交換し、音楽を聴く。特筆すべきは、男性だけでなくて妻たちや子供たちも歓迎されたということだ。

イスラム圏やカトリック諸国でコーヒーショップがそうであるように、コーヒーハウスは大人の男が集う場だった。おそらく値段と即効性のある刺激のためにコーヒーは常に男性的なものとみなされ、イングランドでは金持ちの贅沢飲料だった。一方、茶は「優しい」飲料で、効果が穏やかで、安価で、女性と子供にも適していた。もともと栽培されていたアラブの地では男性がコーヒーを飲むこと、茶は中国と日本では老若男女万人の飲料であることが知られていたのであろう。それでイギリス人は、家族をつれて喫茶庭園に出掛けていって自分の家庭生活の幸福をみせびらかすと同時に他の家庭と比べ、人々を観察し、そして人々に見られるために、ティールームを訪れた。

一八世紀初めに娯楽庭園は、偉大な文人、音楽家、芸術家を引き寄せた。たとえばポープやヘンデルがやってきて語り合った。娯楽庭園は、いわば庭園大学だった。単に喫茶だけではなく、建築や風景を楽しむこともでき、喫茶庭園はイギリス庭園の飛躍的な発達に大いに影響した。造園は、一八世紀の「有能《ケイパビリティー》」ブラウンとその風景庭園の「自然な」様式で絶頂に達した。そしてまた、異国的たる中国の飲料である茶は、このころのイギリスや他の西洋諸国で広まっていた「東洋物品」趣味隆盛の触媒となった。中国陶磁器で中国飲料を飲むことは、中国の物品、新しい意匠、漆、絹、中国庭園を愛でることに自然とつながっていた。

女性の執着が大きな差異を生むことを示す初期の例をみてみよう。一七一七年にトマス・トワイニングがトムのコーヒーハウスをロンドン初のティーショップ、ゴールデン・ライオンに変えたときのことだ。ここでは一七〇六年から茶が売られていた。この店は今でもロンドンのストランドで茶を売っている。(1) コーヒーハウスと違って、この店には男女の客が訪れた。「高貴な女性たちがトワイニングの店に群れ集まる」一九世紀後半には、誰もが知っているようにライアンズコーナーハウスのような、優雅な中流階級のティーショップが急速に成長した。[3] こうしたティーショップもまた家族全員が楽しむことができ、友人にも会える場を提供した。立派な中流階級の家族は、ロンドンに出たとき、あるいは新しくできた鉄道で旅行したり海辺を訪れたら、アルコール飲料を出すその土地のパブには寄らないし、宿屋のバーにも行かなかった。ロンドンの専門職の人たちがつくるクラブは男性のみの世界で、家族連れはお断りだった。彼らが行ったのは、ティーショップだった。

ティーショップや娯楽庭園は、イギリス中流階級の家庭中心で愛情主義の結婚システムに適した。そこでは親子が家族で憩い一緒に楽しむことができた。ヨーロッパカトリック圏を含め多くの文明では、女性は家に残り、男性がコーヒーショップやバーなど公の場に出掛けていく。イギリスでは、喫茶が男女と大人・子どもが公の場で一緒にいられる場を作る手助けをした。

喫茶はまた私と公の間のレベルでも広まった。茶の到来以前には、中流階級の一家が、特に女性が、自宅の私的な場で、別の一家あるいは友人をもてなそうとした場合、出すことができたのはアルコール飲料だった。そこへ、鎮静剤的浸出飲料が登場した。これは凝った儀式を伴って供することができた。茶を淹れることが、育ちの良さ、良い礼儀、エチケットを示す機会となった。この習慣は、王室に起源をもち王室が保護した。一七世紀後半の宮廷で、チャールズ二世の妃、キャサリン王妃が有益な非アルコール飲料として茶を勧めた。はじめのうちは茶は貴族やジェントリと結び付けられた。たとえば、茶のエチケットに関する重要な発案をしたのは、七代ベドフォード公爵夫人のアナ（一七八八—一八六二）で、「気が沈む」ので午後の半ばに茶とケーキを摂ることを促進した。上流階級に起源をもつこの習慣は、下の方の家庭にまで広まった。中流階級の飲料とそれに関連する儀式への貧しい人々の過度な情熱は、貧しい人々が上の階級の真似事をする身分不相応な行為として憤激をよび批判された。

階級意識がありながら流動性をもつ社会にあっては、言語や身振りや物品の小さなサインが常に解釈されて人々の社会的位置づけを定め、茶は線引きのための重要なメカニズムとなった。茶を出すときの形式や調度のスタイル、茶の風味（シェリーのように、軽くて苦ければそれだけ等級が高くなる）、ティーカップを持ち上げるときの指の使い方に至るまであらゆることが人物がどの社会階層の出身であるかを示す要素となった。

二〇世紀の二度の世界大戦では、将校たちは陶器のカップで茶を飲み、普通部隊ではバケツから大きな金属のマグで汲み、非常に強くて砂糖たっぷりの茶を飲んだ。[4] とはいっても、違いはもっと微妙なことが多かった。自分が好ましい背景をもっているということを示し印象づける技は、楽器を演奏したり、花を活けたり、上品な会話を交わしたり、その他適切な女性の芸事のように、明確に学ばれなくてはならなかった。何年もかかる日本の茶道ほど張りつめた課程ではなかったが、規則をもち、練習を必要とする技だった。

「アフタヌーン・ティィー・パーティィ」は、日本の茶会にも似たさまざまな小さな儀式的な型を発展させた。茶のための特別な道具があった。カップ、皿、茶入れ、ティーポットなどである。また、特別な部屋に椅子とテーブルがしつらえられた。茶を飲むことが社会的な重要性をもち、それで専ら茶の準備と出し方を説明する書物が多く出た。人の招き方、道具の選び方、茶のすすめ方を説明する書物である。特に重要だったのは、客の身分の違いにどのように対処するかということ、爵位のある人々、司教、裁判官にどのように話しかければいいか、誰に先に茶を出すのが良いかということであった。一緒に出す食べ物をどのように出すか、あるいはどのような食べ物であるべきか、女主人にどうやって御礼を述べるか、どのように暇乞いをするかについても指示が必要だった。

レイディ・トゥルーブリッジは二巻本の『エチケットの本』（一九二六）で、茶とその他の午後の会に一章を割いている。「お客さまたちは、テーブルの周りに集まってもよいし、女主人が椅子の横に小さなテーブルか台を置いておき、カップや小さな皿を置いてもらうようにしても良いのです。……小さなティー・ナプキンを使うこともありますが、普通はそれは必要ないと考えていいでしょう。ジャムを出す場合には、ティー・ナイフ（非常に小さな銀メッキあるいは銀製のナイフ）を用意しましょう。」といった具合である。(5)

少し後のベティ・メッセンジャーの『エチケット大全』（一九六六）では、茶会のさまざまな要素を概説しており、客にものを出すという重要な役を担うときに何を言えばいいかなどが記されている。「もっと欲しいかどうか尋ねる場合の正しい言い方は、『ブランドさま、おかわりはいかがですか？』

であり、サンドイッチを手渡すときには、中味が何かを告げてください。レイディ・ブランドは、蟹ペースト・アレルギーかもしれず、女主人が皿一杯のサンドイッチをすすめようとしているときに客の方から何をはさんであるのか尋ねなければならないというのを歓迎しないでしょう。(6)」こういったことはすべて些細なことと思うだろう。しかし、サラ・マクリーンが『エチケットとマナー』で次のように説明しているように、社会のシステム全体が、このような小さなしるしに依存している。「今日《こんにち》の茶会は形式ばらない場です。しかし小さなことですが三点エチケット上のことを述べておきましょう。茶を飲むときには小指を曲げ込みません。これは『お上品』だと結構考えられているのですが、馬鹿げた気取りです。(7)より『上流』になればなるほど、ミルクは茶の後でカップに注ぎます。『濃さにうるさいかどうか』が階級を示すもう一つの尺度です。女主人がいかがですかと尋ねたときには、『薄いです』『濃いです』『ミルクはほんのちょっとにしてください』などと言うものです。(8)」目的は、ある種の雰囲気をつくることだった。「会が行われる部屋には洗練の雰囲気がなければならず、客はこぎれいで厳選されていなくてはいけません。茶は好みやお金が許す限り最高のものであるべきです。女主人がどのようでなければならないかは言う必要はないでしょう。自然であること、それで十分です。(9)」

こうしたお流儀の多くが日本の茶道と同じような社会的機能を果たしていた。つまり、控えめで階級意識をもった人々は、言葉では表現できないものを、物品を通して、小さな礼儀を通して、そして尊敬や愛顧を示すことを通して、多くを語ることができた。茶会は交際の雰囲気あるいは暖かな親しみさえももたらしたが、ジェイン・オースチンやトロロップやディケンズの小説の数知れない場面が示しているように、ゴシップと批判を通して社会的境界の堅持としばしば一体化していた。

茶の性質によってゴシップもいろいろあった。トマス・デ・ウィット・タルメイジによれば（一八七九）、

会話のスタイルは、主婦が客のために注ぐ茶の種類に大いに依存する。茶が本物の雨前熙春であるならば、新鮮で活気があり太陽の光がふりそそぐような話になるだろう。珠茶（「火薬」茶）であるならば、暴発気味で仕舞いにはだれかの評判が致命的な損害を被るということになろう。緑茶であるならば、会話に毒性効果を及ぼし、心の健康が損なわれるであろう。(10)

一八世紀に茶を飲むことが国民的妄執となり、そして何百万の女性に強いられた長い余暇の時間を埋めた。茶を一緒に飲むことが、日本と同じように、友情と厚遇を示す機会となり、消費を通して意思疎通を図り、物品と動作によって親交を表現する場となった。特に、中産階級の女性たちにとっては、自宅に招き招かれて、家庭の中の孤独から逃れる方法だった。

この社交的会合は、しばしば顕示、ゴシップ、友情の場だった。男性の飲み会とならぶ女性版が茶

会だった。ウィリアム・コングリーブの芝居『詐欺師』（一六九四）で、女性たちはどこにいるのかと尋ねると、「細長い部屋《ギャラリー》のあちらの端にさがって、古くからの習慣に従って、お茶を飲みスキャンダル話にいそしんでいます」と答える。この集まりは、女性たちが仕切る場を設けることもあり得た。『レイディ・オードリーの秘密』（一八六二）でメアリ・エリザベス・ブラドンは、「可愛らしい女性が茶を淹れているときほど可愛らしくみえることはありません。これは最も女性的で最も家庭的な仕事です。……ティーテーブルを始末してしまうことは、女性の正当なる帝国を奪うことです」と書いた。(11)

茶の集まりは、女性に協同行動を発展させる場を与えた。一九世紀の偉大な女性の際立った功績の多くは、茶会にかなり依存していたといっても強引すぎはしないだろう。彼女たちの多くが、作家で社会論評家であったハリエット・マーティノーのように、茶愛好者として知られていた。民主主義の広まりのなかで、社会的関心や慈善の取り組み、伝道活動や文学運動、女性研究所やガールガイドやその他の著名な組織で、女性が行って実を結んだ行動は、茶を飲みながらの会合で可能になったという一面がある。(12)

私的な世界での女性の地位向上にも茶が関係している。茶会は、女性が主人としてふるまう機会である。ティーポットを持った人は手に強力な武器を持っているということになり、最も威張り散らす男でもこの限定された期間は彼女に従うのだ。さらに、茶会は世代間の関係を変えた。召使が面倒をみている子どもたちは、子供部屋のお茶の時間に両親、特に母親と会うことが出来た。同じように、誕生日の茶会やクリスマス・ケーキを用意したクリスマス茶会などおめでたい席には世代やジェンダーに関わらず、皆が集まった。

茶によって日常生活が形作られたのは、上流階級と中流階級だけではなかった。なぜなら、喫茶は皆に広まり、他の慣行でも重要だった。つまり労働者が茶を飲むためにとる休憩である。これも近現代のイギリス経済と社会の発達において顕著な役割を果たした。「ティー・ブレイク」の発達のおかげで、生活は耐えることができるものとなり、労働者が楽しみにして待つものを与え、工場、作業場、事務所、鉱山での長時間のつらい仕事の間にある中心的社会儀礼となった。カフェインと砂糖で活力を与えられ、飲料をとり小集団で冗談や情報を言い交わしてリラックスして元気を取り戻して、労働者は、容赦ない作業に戻り、ティー・ブレイクなしでは耐えることができなかったであろうと思われることを達成できた。長い一日の最後には、うす汚れてくたくたに疲れ、食事と一緒に「美味しいお茶一杯」飲むと疲れた四肢の元気が回復し、アルコールに伴う出費と健康への危害を避けることができた。

後に茶が、アルコール乱用と戦った一九世紀の大きな禁酒運動の中心的シンボル及び武器のひとつとなったのは驚くにあたらない。最も安全で、刺激を与え、安価でそれでも元気にしてくれるもののひとつが茶であった。禁酒運動家たちは、募金集めと会員募集のため、茶会を開いた。一八世紀半ばのジンへの熱狂が克服された主たる原因は、ジンの価格上昇と、かわって茶が貧者の飲料となったことだった。一九世紀も、同じような経過を、しかしより大きな集団で大規模にたどった。茶、道徳、禁酒の間には複雑な関係があった(13)。

このことが国民性に及ぼしたかもしれない影響について推測してみると面白い。イギリス人は、攻撃的で好戦的、肉食ビール飲みから、穏やかで落ち着いた民族になったのだろうか。国民的飲料の変化がもたらした衝撃については、日本と中国という偉大な喫茶文明の解釈のなかで述べられている。アメリカ人の中国史研究者、S・ウェルズ・ウィリアムズは、「東洋における」茶の影響は「看過できない」と論じている。

中国人の家庭的で静かな生活と習慣の強みは茶を常飲していることに依存する。なぜなら、彼らがすする薄い茶は、好きなだけ長くティーテーブルについて時を過ごすことを可能にするからだ。同じことを弱いものでもウイスキーでやったら、悲惨、貧困、喧嘩、病気が、倹約、静謐、勤勉にとってかわるであろう。彼らにみられる全般的な節制は他の何よりも茶による。……北京、広東、大阪の通りを歩き、こうした街の茶館や茶屋周辺で質《たち》良く浮かれている労働者や浮浪人をみて、人間の欲望や情熱の調和剤あるいは充足剤としての茶の価値を疑うならば、それは、その人自身の欲望が満たされないことの証拠と見なされなくてはならない。[14]

これは、サー・ジョン・オヴィントンが茶についての書物で一七世紀末に論じている点である。「世界の最も礼儀正しい民族のなかで育った人が、中国でさえも自慢するような礼儀でいろどられた会話をする人から受ける以上に親切な接待を、他のどこに確信をもって期待できようか。[15]」同じように、ジョン・サムナーは一八六三年に「政治的大変革の最中でも、中国人を冷静に秩序正しく保っている人格の穏やかさと従順さを形作るにあたって茶が重要な役割を果たしたかどうか問うのは行きすぎだろうか」と問うた。[16]

後にG・G・シグモンド博士は、『茶―その医学的効用と道徳的効用』(一八三九)において禁酒会を論じ、茶を絶賛した。

多くの場合、茶は、発酵酒及び蒸留酒にとってかわっており、その結果は、多くの人の健康の全般的増進と道徳的改善である。人間の身体の健康な状態と強靭さと活力が茶によって強まる。疲労に耐える能力の向上が大いにみられる。心は無垢な人生の楽しみを求め、情報を求めるようになる。共同体のすべての階級がまじめで注意深く将来への備えを考えている。……男たちは、酒から茶への交換を行って健康になり幸福になり善良になった。彼らは卑しい習癖をやめて無邪気な習慣を得ている。のけ者、みじめだった者、捨てられた者が、自立して社会への祝福となった。[17]

一八八三年にW・ゴードン・ステイブルズは茶の本を書き、ダグラス・ウィリアム・ジェロルドから次のように引用した。「実はこの国の大衆への茶の社会的影響について、多くを言い過ぎるのは易しいことではない。乱暴で騒々しい家を教化し、酔っ払いを破滅から救い、そうでなければ惨めで孤独やるかたない多くの母親には、支えとなる陽気で平穏な想いを与えた。[18]」

そうしてみると、喫茶は仕事のパターン、女性の地位、芸術と美学の性質、そして国民気質までも変えた。それぞれの文明で文化史的差異のため影響は相当に異なったとはいっても、茶の興隆によって、日本や中国においてと同じように、生活に大きな変化がもたらされた。「茶は儀礼好きの民族の飲み物であり、モンスーンの豪雨のように、人の心を落ち着かせるとともに刺激し、会話も休養も促進する」とパスカル・ブルックナーは書いた。「ゆっくりと湯気をたてる透明な液体に観念と伝統がしみこむ。[19]」茶は社会の基調を変えた。フランス人ギヨーム・レイナルが一七一五年に、新たな茶への熱狂には不都合もあったであろうが、「最も厳格な法律、最も雄弁なキリスト教弁士の熱弁、あるいは最良の道徳論よりも、茶が国民の節制に貢献しているということは否定できないであろう」と指摘した。[20]

茶の飲み方は、小さな暗示や象徴で社会階級の差異を表す方法である一方で、「階級の隠された傷」

を覆う役割も果たした。様々な境界を跨いでイギリス人を統合する天気の話と同じように、茶は統一の結節点になったと論じることができる。J・M・スコットが『茶話』で書いているように、「本質的に茶は階級に関わりなくすべての家庭のものである。茶は、富者が貧者に、貧者が富者に、対等にどちらの側でも困惑することなく、出すことができる接待の形である。[21]」

中国と日本での陶芸品への深い影響は、広く知られている。喫茶の要請はこれらの文明の陶器の質と量に非常に強い影響を及ぼした。ヨーロッパ陶磁器への喫茶の影響も同様に劇的だった。

一八世紀半ばのドイツの磁器製作過程の発見を脇にとどめておき、イギリスに焦点を絞るとしても、茶が及ぼした大きな影響がある。この一部は、実際のところ、中国から帰ってくる船で茶と共にやってきた陶磁器を通してのものである。こうした船は、非常に軽い茶箱の他に底荷を必要とした。それで船には中国の陶磁器が積み込まれ、これは重しになり、さらにヨーロッパで転売の価値があった。こうした陶磁器の量は驚きである。『変化の種』でヘンリー・ホブハウスは、一八世紀前半に中国からヨーロッパへ年間平均五〇〇万点以上の中国磁器が輸入されたと見積もっている。一六八四年から一七九一年に、約二億一五〇〇万点の中国磁器がヨーロッパに持ち込まれた。[22]その結果一八世紀以前にも以後にもイギリス人がそんなに見事な磁器を使って飲み物を飲んでいたことはない。

第二の影響は、イギリス国内での陶磁器の生産に直接及ぼされた。新たな消費者の需要がかなり創出された。茶は磁器や陶器から飲むのが一番だ。ガラスがトルコで使われているし、錫のマグを使うこともできるが、概して真鍮、シロメ、琺瑯、ガラス、その他の材質の容器はこの熱い飲み物には実は適さない。茶への情熱が新たな背景で沸き起こり、茶を出すための道具はより複雑になり、中国と日本の簡素で優雅な茶碗に多くの特徴が付け加わった。中国人も日本人も持ち手なしの茶碗から飲む。イギリス人は、持ち手のついたグラスや容器に既になれていたため、とても熱い飲み物を扱うにあたって茶碗を改作したかった。中国人は伝統的には、ソーサーのようなものを上に載せて蓋をした大きな器で茶を煎じた。そして飲むための小さな器に注いだ。中国式急須は、形を変えて注ぎ口を得た。イギリス人は砂糖とミルクを加えることにしたので、客のためにスプーンを用意することが必要になり、スプーンを置いておけるようにソーサーが加えられた。砂糖壷とミルク入れがティーポットに添えられた。それで、銀職人と陶芸家の腕の見せ所となる新しい世界が広がった。これは、富と趣味の顕示が茶の儀式を通じてステイタスを確立する方法でもあった。

さらに、ティーキャディと呼ばれる茶を入れておく容器が作られなければならなかったし、茶を用意するためのテーブル、茶を飲むときにいただく適切な皿に載ったビスケットやケーキ、優雅なあるいは心地よい設定を提供する椅子や衝立や暖炉もなければならなかった。一八世紀初期に消費ブームが始まり、職人と食糧商や茶鑑定家や競売人といった拡大しつつある専門家たちによって支えられた。

茶は、イギリス一八世紀の産業製造品発展のなかでも最も重要である陶磁器製造の柱となった。ジョサイア・ウエッジウッドは最も顕著な例であるが、そのなかの一例に過ぎない。彼の商売の中心には茶器があり、彼の会社は中産階級のために比較的安価に美しい古典的な意匠や色を凝らして製造した。一六七二年以来、形状、材質、パターンに関しての試行錯誤を含めて、茶磁器で顕著な発展がみられた。プール、ウスター、スポード、チェルシーその他多くの会社が、茶器を作ることと儲けることがいかに結びついているかを示した。技術上の改良が数多くなされ、それまでは工芸品であったものの大量生産が拡大した。イギリスは新たな産業を得た。ついには陶磁器の輸入が不要になり、嘆かわしいほどにまでその価格を下げるに至った。

主要社交行事となるにつれて、喫茶はイギリス人の一日のリズムと食事の性質を変えた。上流及び中流階級では、朝食はそれまで肉とエールの重い食事だった。それがパン、ケーキ、ジャム、暖かい飲み物（特に茶）といった軽い食事になった。[23] 以前は、昼食と就寝の間の長い時間の間には比較的早い夕食があった。それが、午後四時とか五時とかに茶をとることによって間をつなぐ軽食（パン、ケーキ、ビスケットと茶という軽食）が可能となり、午後七時とか八時に夕食あるいは正餐を据えることができるようになった。

社会の上層階級の人々にとって、これは好都合だったが、労働階級では異なったパターンが発達した。たとえば午後五時とか六時に肉体労働の勤務時間が終わって鉱山や工場から帰ってきた疲労困憊の労働者は、即座に食べて休息したいと思うであろう。それで、特に北イングランドや南スコットランドの鉱業・工業では、しばしばその中心的な食材の名をとって「茶」とか「ハイ・ティー」とかよばれる食事が発達した。茶をマグに一杯、パン、少しの野菜、チーズ、時には肉、これが疲労した労働者を衰弱の淵から連れ戻し、回復とまた次の日に向かうことを可能にした。であるから、茶は中産階級の社交場で必要である一方で、一八世紀末から一九世紀を通じて多くの労働階級の家族の救いの手となった。労働階級では、安いとはいっても茶というひとつの商品に食料品予算の半分までを費やしていた。これは一部の批評家たちが言うように労働者が先のことを考えないとか愚かであったからではなくて、苦い経験から、生活を我慢できるものにしてくれるのは茶だけだと労働者たちが知っていたからである。

この茶と労働階級の深い結びつきが、大英帝国のある部分にみられる茶への愛着の背後にある要素だろう。長い間、アジア以外で茶を最も熱心に飲む国民は、イギリス人ではなくてオーストラリア人だった。イギリスからの労働階級移住者で主として構成されて、彼らは茶への依存を自分たちと一緒に持ち込んだ。

一六五〇年からの約一〇〇年間に起こり、産業革命への道を整え、産業革命の効率を高めるのに役立った現象に最近では非常に関心が払われている。それは消費者革命である。売りさばく市場がなければ、安価な消費物資、特に衣服や陶磁器を大量生産する方法を考案してもまったく無駄である。物品は売られる必要があり、そのためには人々つまり消費者の趣味と慧眼と、何にもまして欲望を育てなくてはならなかった。それで、産業生産物の増加と共に、消費行動が大いに高まった。

これには多くの組織上の変化、通信の変化が必要だった。数百年を経て非常に洗練された市場の販売及び技術に基づいて、一連の工夫がさらに洗練され発案された。この中には、広告、貯蔵、包装、流通がある。茶が果たした役割のうちの一つは、新しい消費者の世界をうちたてるための主な実験台となったことである。茶が消費革命の焦点であることは驚くにあたらない。一七世紀イギリスの人々は、ビールやパンや毛織物について知ったり、鑑識眼をもったり、あるいはどうやって買うか、どのように消費するかさえも助けとなる新たな改善された方法を必要としなかった。こういったことは良く知られていたからだ。一方、それまで知られていなかった葉、熱い湯にいれる埃のような黒い見慣れないもの、珍しいものや、コーヒーやタバコのようなほかの新しいものに人々の目を向けさせるには、特別な努力が必要だった。

最初は、製品が何であって賢い人々が何故それを欲し買いたいと思うのかということを広告し説明しなくてはならなかった。「ロンドンの新聞で最初の物品の広告」(『メルクリウス・ポリティクス』一六五八年)は、茶の広告だったという。[24] それ以来広告は少しも止むことなく、今でもテレビやウエブ上で、茶を購入するように説明し甘言を用いあるいは強要するような広告がみられる。東インド会社や多くの巨大会社の富と権力が特異な力となった。

そして小売である。一八世紀初めには、茶は、食料品屋が、なかでも一般食料品屋と区別して「茶取り扱いの食料品屋」という新たな名をもって、新しいやりかたで商売を行う対象になった。彼らは茶を杓子ですくって計るのではなく、魅力的な箱や袋に予め包装する専門店を発達させ始めた。茶は、一八世紀はじめのリプトンのように、大きな小売会社の基礎となった。一五〇年後、また別の小売業の巨人、テスコが茶販売から立ち上がってきた。(25)

人類の歴史上農耕以来最大の変質が起こっているときに、それが起こっている国で、茶は、すでに確立して長年経っていた商品に並んで、新しい販路を開拓していかなくてはならなかった。この地球上ではじめて人間が農業から工業へ、田園中心から都市中心の文明に移行しようとしていたちょうどそのときに、茶は世界でも最も好まれる飲料となった。それで茶は方向性と傾向を示し、他の多くの商品がそれに従った。一六五〇年にはほとんど知られていなかったが一〇〇年後には広く普及した新しい基本的飲料になり、数世代の間に国民にこのような転換が起こったことは、イギリス史のなかでも最も劇的な消費革命のひとつだった。

中国・日本と同様に茶はイギリスを変質させた。「ここ数百年でイギリス人の間に茶が引き起こしたほど国民的習慣における大きな革命は他にみられない」と一九世紀半ばに中国史家のジョン・デイヴィスは書いた。(26) この変質に伴って、世界の歴史でも最も強大な資本主義帝国主義国家が現れた。文化人類学者のシドニー・ミンツは、どんなに「イギリスの労働者が最初に飲んだ砂糖入りの熱い茶一杯が重要な歴史上の出来事であったか」について描写している。(27) 彼によれば、「これは社会全体の変質、経済的社会的基盤の完全な再編成を予兆していたからである。」茶がすべてを変えたのだ。

中国から固形茶を運ぶチベットの人々，1900年ころ

第六章　中国を凌ぐ

イギリスは茶をもっと欲した。人口の急速な増加により、かつては少数派でしかなかったイギリス植民地や自治領は、アメリカ・アジアの巨大潜在市場へと成長した。一人が消費する茶の量も急速に増加した。

一八世紀末までは中国からの茶が西洋を、特にイギリスを満足させていた。東インド会社はこの商品に関して新たな産出国を探ることに熱心ではなかった。東インド会社としては中国貿易独占権をもっていたので、これが脅かされるのを望まなかったのは驚くにあたらない。一七一一年から一八一〇年までの間に、茶貿易から七七〇〇万ポンドの税金が徴収されており、このことからも茶貿易の価値がわかるであろう。この東インド会社の消極的態度に対して、貿易従事者や企業家の間では、世界でも最も利益があがり、それも年々増加している商品からの恩恵を中国のみが得るのをそのままにしておいてはならないという意識がおこっていた。

ヨーロッパ人たちは、東洋の国々が自分たちの産物で財をなすべき理由がわからなかったし、砂糖、アヘン、ゴム、コーヒー、ココア、その他の必要な物品を探し出し、その生産を制御するのが彼らの目的となった。イギリスでは、キュー・ガーデンが設立され、その他の土地ではそれより小規模の植物園が作られて、土地を手にいれるやいなや自分たちのものだと主張できることになった標本を「収集家」たちは、そこに送ることができた。一七七八年以来ロイヤル・ソサエティ会長の博物学者サー・ジョゼフ・バンクスは、植物探究者たちを使ってそういう標本探しに世界中を駆け巡らせた。多くの「探検家」たちが同じ役割を担った。

早くも一七七八年には東インド会社は茶についてバンクスの意見を求めた。彼は、茶が緯度二六度から三〇度でよく生育することを告げ、インドのビハール、ランプル、クーチビハールで育つかもしれないと言った。(1) 緑茶(これは当時違う種《しゅ》であると考えられた)は山岳地で生育するであろう。「正しい誘導」をすればブータンの人々が緑茶を育てるようにできるであろう。彼は中国人が船乗りとしてしばしばやってくることも指摘した。「そこで、太っ腹な条件を出せば江南省の人々でも船乗りのようにやってきてくれるであろうと言ってよく」、カルカッタの植物園に茶樹と道具をもたらし、どうやって茶樹を扱うか現地人たちに教えてくれるだろう。茶は、イギリスにとって「最大の国家的な重要性をもつ」と彼は主張した。

中国は他の東洋諸国よりも扱いが難しい国だった。小さな軍隊では侵略しえない、強力で自信をもった国家だった。それにまた「虚栄心が強く」自国のことは自分たちでやっていけるとみなしていた。

「高慢な中国人の自尊心」を叩き潰すことが必要であったが難しかった。他の地で茶を育てる唯一の方法は、茶樹をもち出して、ヨーロッパの植民地の同じような条件のところに植えるか、リオデジャネイロやセントヘレナのようなもっと遠くの茶樹に適した気候の土地に植えることであった。

オランダ人が最初に中国以外の土地に中国の茶樹を運び出した。早くも一七二八年に彼らは茶樹を喜望峰とセイロンにもっていった。しかし、茶農園を本格的に始めたのは、一八二八年になってのことだった。それもずっと中国に近いジャワにおいてであった。植物や種子を広東から持ち出すことは危険な作業だった。中国政府は、この植物に関する禁制行為をおかしていると思われる商人の首に報奨金を出し、そういう船を拿捕しようとした。しかし、安い労働力が得られるジャワの農園は栄えた。けれども、皮肉なことに茶栽培が本当に離陸したのは、インドからの茶樹が一八七八年に導入されたときのことだった。

そんな状況のもと、イギリスからの二つの使節団は、中国に渡る際、茶を持ち出す可能性を調査するようそれぞれ促された。バンクスはマカートニー卿の一七九二年の最初の使節団に伴って、茶樹と種子をカルカッタの植物園にもたらした。一八一六年のアマースト卿使節団が送ろうとした茶樹は、船が難航して失われた。

中国での茶製造を回避せよという主たる圧力は、経済的なものであり、インドの織り手に頼るよりもイギリスで綿製品を製造したいという欲望に似ていた。だいたい一七五〇年から一八五〇年の間に最初の産業革命が起こったまさにこの時期のイギリスが経験していた劇的な変化を認識しないと、中国での生産に対する不満が高まっていたことがわからないであろう。その本質は、遅くてしばしば信頼できない高価な人間の労働に対して、人間の労働力以外の力で動かせる、従って安価で迅速で信頼性のある機械がとってかわるということだった。

産業化は、主に綿製品から始まった工場生産物の生産における革命にのみ限ったものではない。並行して農業革命が始まった。作物の輪作及び使用法の改善と人工肥料を中心とする方法である。農場は植物生産のための戸外工場となった。すべて効率が最大限になるように計算され、仕事は注意深く構成要素に分割されて、コストを削減するために機械と非人間のエネルギーを最大限に使うことが考案された。

それでイギリス人は、土地面積あたりの収穫についても一人あたりの収穫についても、機械と集約的方法を使って、どうすると農業生産力が大幅に増大するかを自国でみてきた。巨大な炭坑資源を利用して動物、風力、水力を補い、彼らは地球上で最も強力な国民になった。彼らの茶の消費が増すにつれて、多くの企業家が機械化によって生じる並外れた新しい力、新たなエネルギー資源、新たな労働組織が茶の生産にどう使えるのかという問題に目を向け始めた。

だんだん明らかになってきたのは、中国文明の伝統的で見たところ変化のない枠組みの中で茶が育てられ加工されていたら、この効率と利益の最大化は決して起こらなかったであろうということだった。中国で茶樹が無作為に植えられているのが初期の写真に写っている。加工の様々な段階で使われる道具はたいへん簡素なもので、九世紀から一九世紀の一〇〇〇年間ほとんど変わっていなかった。家族が一緒に茶摘に出掛けることがしばしばだった(2)。

この光景と重労働についてイギリスの女性旅行家コンスタンス・ゴードン・カミングが一八七〇年代に描写している。

茶人足として働いている女の子の数が多いことに、それから彼女たちが肩にのせた竹にひっかけて運ぶ荷物の多さに私は大いに驚いた。そのように吊るしてそれぞれの子が袋を二つ運ぶ。袋一つは半ピクル、約三〇キロだ。そんな重い荷物をもって、この明るくて見るも楽しい女の子たちの一団が一二マイルかもっと長い距離を話をしたり歌ったりしながら歩いていく。……茶園は規則的に植えられた茶樹の小さなかたまりがところどころにあって丘に広がっている。ここでは女の子と女性たちが若い緑色の葉を選び、摘んで大きな竹篭に集めていくのに忙しい(3)。

二〇世紀初めの博物学者アーネスト・ヘンリ・ウィルソンは、高地での茶栽培について次のように書いている。「栽培地は高度四〇〇〇フィートまであり、山腹の段々畑のへりに沿って茶樹は植えられている。ほとんど世話をされることなく、普通三フィートから六フィートの雑草に埋もれるように育っている。[4]」

摘んだ後の茶を加工するために実際に用いられる方法は、非常に手のかかるものであった。商業用茶生産にあたっての「初期の」手書きの指南がある。

風にあたるような適切な場所で、茶葉を竹笊の上に五、六インチくらいの厚みになるように広げよ。見張りには青夫を雇え。そのようにして一二時から六時までおくと、良い香りがし始める。それから茶葉を大きな竹笊に移し、手で三〇〇から四〇〇回かき回す。この作業は倣青《させい》と呼ばれる。この作業をすることで茶葉に赤い縁と斑点ができる。そして次は鍋で焙煎だ。それから平らな盆に移して両手で円を描いて三〇〇回から四〇〇回揉捻すると、また鍋にはこんで焙煎し、そして揉捻する。揉捻を熟練者が行うと茶葉はしっかりとしてよくねじれている。劣った者がやると、ばらばらで開いてしまっていてのっぺりと延び見栄えが悪い。その後茶葉を烘焙にはこんで、八割がた乾くまで休みなくひっくりかえす。そして平らな盆に広げて五時まで乾かし、黄色くなった古い葉や茎を取り出す。八時に弱火にかける。昼には一度掻き混ぜて三時までこの状態にしておく。そしたら箱につめる。[5]

この方法がおそらく一〇〇〇年にわたって使われてきたのだろう。一九世紀末ころには、コンスタンス・ゴードン・カミングの描写が示しているように、少し変わっていた。

茶葉は莫蓙の上に広げられ、陽にあてて少し乾燥させる。この後、大きな浅くて円い盆に置かれ、裸足の人夫が足で揉み、茶葉を揉捻してそれぞれ捩れるようにする。そうしたらもう一度同じ工程を繰り返す。もう一度太陽を浴び、もう一度足で揉まれ、そしてもっと丁寧に手で揉まれる。それから再度陽にさらして緑のところが残らないほど乾燥させる。そうしたら袋に詰めて茶商のもとに送られ、そこで茶商の監督のもと、大きな茶烘で火にかけられる。ここではこれまで混ぜ物のなかった茶葉にインジゴや石膏のコーティングがかけられる。……茶農園主のなかには自分のところに炭窯をもっていて小規模で火入れを行うこともあるが、これは稀である。(6)

非常に人の労働力を要する作業にも関わらず、数百年の間この方法で茶は製造され、労働力節約のための機械化に向けての動きはなかった。一九世紀末のアッサム茶産業でのこうした工程段階機械化の圧力を受けて、中国の地方では人のかわりをする機械の導入が試みられたが、様々な理由ですべて失敗に終わった。(7)

イギリスの視点からみると、すべての効率が悪かった。彼らの農業革命は資本主義を適用し小農場を統合して大規模農場にすることによりもたらされた。中国人が好んで用いる家庭的自営農的方法はひどく非生産的だと思われた。必要なのは規模の経済と真の「科学的」生産を行うことが出来る大土地、大農園であった。イギリス人は、中国ではこれを達成することができなかった。茶を適正に効率的に育てることができる新しい地へ移さねばならないのは明らかだった。少数の労働者が効率的な機械と製造所を使って一人当たり莫大な量を生産し、それで製造経費を抑え、質を保って、イギリスのイーストアングリアの農場で小麦やトウモロコシが育てられているように茶を取り扱うべきだと考えられた。

イギリスでは、水運と適切な道路で運搬車を使うことで輸送経費は最低限に抑えられていた。ところが中国では、生育地帯から沿岸に運ぶのが困難であるために茶の価格ははね上がっていた。本拠地での茶生産の楽しみについて私たちがどうしても想定してしまうノスタルジアを即座に追い散らしてくれるので、サミュエル・ボールの一八四〇年代末に書かれたかなり詳細な記述を引用する価値があろう。

広東に紅茶が運ばれる通常のルートは、江西省を通っていく。最初に福建省の閩江を下り、崇安県という小さな町に運ばれ、人足が八日かけて山道を河口まで行き、江西省の川を通って南昌府と贛州府に至る。それから途中で何度も積み替えを経て、江西と広東を分けるのと同じ山脈にある大庾嶺の道に行く。この道では茶は再び人足が一日かけて運び、今度は大きな船に載せて広東まで行く。武夷地方から広東まで全部で約六週間から二か月かかる。(8)

このように茶は非常に困難な土地の大方を、半ば奴隷的に働く人が汗して運んでいた。時折船で川を下ったがここでも非常な労働力が必要だった。なぜなら舟は比較的簡単に川を下ることができたが、そうしたら今度は上流に遡らなければならなかったからである。一九世紀後半のイザベラ・バードによる並はずれた記録では、この仕事の苦悶を約三ページにわたって描写している。

わずかな食糧と給金をもらって「私がどの国でも見たことのないような辛くて危険な仕事をこの人たちは来る週も来る週も、夜明けから日没まで行っている。」

彼らの出発だ。川岸の巨大なごつごつの岩を登り、滑らかな岩地では背で突起を伝って滑り降り、互いの肩に乗って崖を登り、指先や爪先で時には手や膝でしがみつき、時には飛沫をあげる急流に滑り落ちていくのを妨げるのはわずかに草で編んだ草履だけという絶壁を越え、こうした苦難と危険あるいはそれ以上の苦しみに見舞われながら、私たちの物品を引きずって揚子江を行くこの哀れな人々は、長く重い縄で重い帆船を身にしばりつけ、大波と逆巻きと渦巻きが猛るものすごい急流の力に逆らって帆船を引き登る。しばしば激流にあい、時折荷がまったく動かなくなって数分間流れの中に停滞してしまうこともある。引き綱がしばしばぷちりと切れ、ぎざぎざででこぼこの岩に投げ出されて顔やむき出しの身体を打つこともある。絶えず水に入ったり水から出たりして、命を落とす事故の危険に日常的に晒されている。しかも、主に米だけしか食べていないのだ。(9)

この地域は、どこもかしこも余りにも危険で、動物も通らない。道程の他のところでは運搬人は巨大な荷を背負っていく。平均一五〇キログラム(体重の二倍)の荷をどのように運んでいたかアーネスト・ヘンリー・ウィルソンが描写している。一四〇マイルもない道程の一部でも重荷を背負った運搬人にとっては約二〇日かかる。「巨大な荷を背負っているので一〇〇ヤードほどごとに休まなければならない。地面に一旦おろしてしまうと荷を持ち上げるのは不可能なので、運搬人は短い杖を持ち運び、休んでいる間は紐を解かずに杖で荷を支える。運搬人は二〇日間苦労して運んでイギリスで言えば一シリングほどを受け取るが、「このお金から食費も宿泊費も支払わなければならない。(10)」写真をみると、貿易港へのそして貿易港からの旅路とチベットにはいっていく同じように厳しい旅程で、巨大な荷と憔悴した身体が撮られている。運搬人を組織し、茶の運搬を手配する無数の仲介人が通行料と税金を取り立て、庇護料をとり、経費を増幅させる。

このシステムの利点は、何百万もの家庭で作られる茶の細流が合わさってついには港に流れる茶の大河となるということである。労働力と地代の点で比較的安く生産できた。農民の家庭と途中の仲介人すべてにとっては非常に重要な補足的収入源であった。イギリス側の視点からみたときの欠点は、生産に関する司令塔がないこと、組織的質の改善や監視の方法がないこと、茶につくさまざまな害虫から茶を守り育てることに系統的知識や科学的運営を適用する方法がないことだ。

最後に、貿易港の中国人商人がより大きな利益を得ているということにイギリス人は憤慨した。「それで、外国人が茶に支払う金額には、相当な額の中国商館商人の利益が経費として算入されていた」と一九世紀半ばにサミュエル・ボールは述べている。(11)

ボールによれば、この過程のそれぞれの段階での平均的コストは中国通貨で次のようになっている。

生産費用	一二両
箱　包装代	一両　三銭　一分　六釐
広東までの輸送	三両　九銭　二分
広東での政府による課金	

税金　商館商人経費、長距離航海の船まで
　荷を運ぶためのボート賃料など　　　　　　　　三両

合　計　　　　　　　　　　　　　　　　　　　　二〇両　二銭　三分　六釐

イギリス人は、このような経費を削減したいと思っていた。他の経済的政治的困難が累積してくるにつれて、これは日増しに必要なことになっていった。

イギリス人にとって茶は年々必需品になっていったが、世界中でただの一国に、それもはじめのうちは強力すぎて決して制御することなどできないと思っていた国に、その供給を依存していた。しかし、状況は急速に変化しており、マカートニーが派遣された一七九二年と一八三〇年代の間の期間での産業軍事強国の成長を、有名なエピソードが語ってくれる。(12)

ヨーロッパに少量の茶が輸入されているときは、いくつかの物品を交易することで支払いができていた。一八世紀後半及び一九世紀初めには、イギリスはインド支配を強め、ベンガルから中国に輸出される木綿で茶の支払いができた。しかし、ちょうどイギリス人が乗り出そうとした矢先に、中国人が自国の木綿生産を改善し、安価なインド物品を凌ぐようになるにつれて、この貿易は縮小した。

西洋諸国と中国の間の貿易の大黒柱であった主要品は、常に銀だった。これでしばらくはうまくいった。基本的には、一七二〇年から一七七〇年までの中国とイギリスの間のクリッパー船の直接貿易の五〇年間のことだ。その後さまざまなことが起こり、銀を直接使用することは現実的でなくなった。一七七六年のアメリカ独立で、主要な供給源だったメキシコからの銀供給が停止した。インフレーションで銀価格が高騰した。さらに、イギリスでの茶の需要は年々急増していた。その支払いをするのに十分な銀はなかった。危機であった。たまらなく茶が欲しかったけれども、支払うことができなかった。出てきた解決策は、茶と、もっと中毒性のある薬物を交換することだった。

一七五八年、議会は東インド会社にインドでのアヘン生産独占権を与えた。中国ではアヘン輸入は禁止されていたが、ポルトガル人が中国へのアヘン不法貿易を行っていた。一七七三年イギリス人がポルトガル人からそれをもぎとり、一七七六年までにはイギリスは約六〇トンを輸出しており、一七九〇年までにはその量は倍増した。アヘン生産は巨大産業となり、主に栽培されていたベンガルでは一〇〇万人近くの人が雇われていた。一八三〇年までにはイギリスは中国に一五〇〇トン近くのアヘンを輸出した。現在の価値にして数十億ドル分である。一九世紀の歴史家ジョン・デイヴィスによると、「中国人に売られる邪悪な薬物が、中国人から購入している健全な葉の市場価値を上回った。貿易差額は我々に銀で支払われている。」アヘン戦争前の一八三三年、中国へのアヘンの輸入は当時の通貨で一一五〇万ドル相当であり、茶の輸出は九〇〇万ドルを少し超える程度だった。(13)

表面上は東インド会社のアヘン生産独占と茶貿易独占の間に直接の関係はなかった。東インド会社はインドのイギリス人商人にアヘンを売っているだけだった。こうした商人たちがアヘンを中国に運び、腐敗した官僚たちがそれを取り扱った。というわけで、東インド会社は公式には関与していなかったが、もちろん何がおこなわれているのかを知っていた。商人たちは銀貨を受け取り、銀貨は東インド会社にもたらされた。銀はロンドンに持ち帰られ、東インド会社のための茶購入目的で中国に赴く人々に渡された。もっともらしく否定するのはいつでも可能だった。中国人からの抗議は、無視されるか、イギリス政府や東インド会社とは何の関わりもないと言われるかどちらかだった。アメリカ人商人もほぼ同じシステムを採用していたが、オスマントルコからの純度の低いアヘンを使っていた。

イギリス人は一八三〇年代までの五〇年の間にアヘン輸出を一〇〇〇倍に増加させた。この破滅的な災いを抑制しようとする清朝のすべての努力が無駄だった。ついに彼らは過激な手段をとり、巨大な焚火で一年分のアヘンを焼き、関わったイギリス人と中国人を逮捕した。開戦宣言。一八三九年から一八四二年のアヘン戦争でイギリス戦艦は中国の防備を粉砕し、多額の賠償金の支払いや香港割譲を含む屈辱的譲歩を中国に強いた。最終的には、アモイ、福州、寧波、上海が開港され、さらなる賠償金が支払われ、中国税関はイギリスの監視を受け入れなければならなくなった。

人々の集団アヘン中毒の累加的影響と強力で無敵とみえた中華帝国が遠方の小国に戦争で負けたことによる政治的不安定の影響を見積もることは不可能である。世紀半ばからの中国の歴史は、太平天国の乱と後の義和団の蜂起での高い死亡率を伴った。何百万の人々が命を落とし、そのようなひどい荒廃と騒擾は、これと無関係であり得ない。ホブハウスが言うには、「芸術と工芸品、職人芸、意匠、創意、哲学の宝庫であった中国は、白人国家の数年間の増収のために陵辱を受けた。一杯の茶のために中国文化がほぼ破壊されたと言っていいくらいだ。」(14)

直接的因果関係に留保を加える歴史家もあろう。常に国外からのアヘンよりも国内で生産されるアヘンの方が多かったということを彼らは指摘する。中国での需要と中国人商人との共謀があってはじめて輸入は可能になった。イギリス人は欲望を煽ったが、中国にアヘンを強制したのではなかった。一九世紀末までには中国の生産が外国からの輸入に多かれ少なかれとってかわった。こうした修正点を受け入れるにしても、茶とアヘンの間の関係が非常に密接で、イギリス人の茶への欲望が、アヘン戦争とそれに伴うすべての中国への影響につながる因果関係の糸と共にあったという事実にかわりはない。

皮肉なことに、アヘン戦争は茶貿易と中国製品への依存の脆弱性を強調する役割を果たした。「一八二二年王立芸術協会は、英領西インド、希望峰、ニューサウスウエールズ、東インドで中国茶を育てて最大量を生産できた人に五〇ギニーを与えることにした。賞金はまだ誰にも与えられていない」と作家エドワード・ブラマが語っている。(15)競争は急を要した。オランダ人がジャワで代替を成功させつつあった。さらに、一八三三年には議会は東インド会社の中国における独占を終了させた。新天地が開けて巨額の利益をあげる可能性があった。しかし、中国人たちの勢力を殺ぐことは可能か？インドでも茶は育つのか？　信じられないほど安い中国人労働力よりも安い労働力が確保できるのか？　こうした可能性について詳細な記録を二点みると新たな試みを支持するのに使われた議論の様子がわかるだろう。

一八二八年インド総督ベンティンク卿はこの件を調査する委員会を設置した。(16) 彼は企業家と植物学者を選んだ。そのなかで最も目だっていたのはカルカッタの植物園を任されていたナサニエル・ウオリックである。ベンティンク卿は彼らにウォーカー氏から送られてきた報告を見せた。これは中国酷評から始まる。「すべての国との関係にあたって中国政府がもっている嫉妬政策。我らの東インド強力帝国にたいして中国が常にもっている懸念。政府の無知、高慢、偏見。……官僚の貪欲と腐敗。時折我らの非行」がそれまでの努力を阻害してきた。しかし、こうした不利な条件を帳消しにするような説得力のある議論を彼は生み出した。

茶樹は、マンゴスチンなどのこれまでに試されたものとは違って、簡単に移植できた。問題は、中国人の抵抗であった。部外者は広東以外の土地に入ることを許されず、広東では、「中国人がロンドンの一角ウォピングに閉じ込められた場合にイギリスについて知ることができる程度に中国のことを知ることができる。」「中華帝国は地球上で最強であり」、外国物品の輸入に厳格な規則を強いることができると彼は認めたが、ヨーロッパの武器はずっと進んでいると指摘した。中国は、踏み潰されるべきただの東洋の一国となる可能性があると彼は言っており、この予言はアヘン戦争により数年後に成就した。

一時は贅沢品だった茶がどんなふうに今ではイギリスで誰もが飲むものになったのか、「一般人が茶を食料の一部として摂取する」ようになったのか、それを強調するためにウォーカーは数字を挙げた。茶から政府は四〇〇万ポンドの歳入があり、これは中国からどんなに大量の茶が流れ込んでいるかを示す。しかし、茶は他の土地でも育つことが知られていた。シンポー族の人々が茶を籠にいれて平野にもってくる描写が五〇年まえのブキャナン・ハミルトンのビルマからの報告にあるということをウォーカーは総督に思い出させた。

茶は、すべてのツバキ科の植物と同じように、礫質土壌の丘陵地に適し、インドにはそういう土地が豊富にあるのに、「東インド会社にとってはほとんど役に立っていない。」カルカッタや東インドから中国人を連れてきて茶の栽培と生産の監督をさせることができた。「定住性で静かな習性をもち」、一日二、三ペンスで生きる術をもっているインド人は理想的労働力となるだろう。東インド会社は、住民に「適切な仕事」を与えたかった。また、最も重要なことは、中国から茶を購入しなくてよくなれば、社の収入が増加するであろう。

この報告書はベンティンクを説得し、ウオリック博士が茶樹についての報告書を書いた。彼は、茶樹は湿った谷懐と川辺を好むと教え、これは本当であったが、ヒマラヤ山脈、クマオン丘陵、ガルワール、[17]デラドゥーン、[18]カシミールの傾斜地を推奨し、ある期間は暖かい育苗場が必要であるが、その後には少なくとも六週間霜と雪のある地が良いためだと自分の提案を説明した。

たいした困難もなく茶業委員会は委員の一人、ゴードン氏をペナンとシンガポールに、さらに可能であれば中国に送り、情報と茶樹と中国人を集めることを決定した。ゴードンはオランダ人に対するアンケートを持っていった。ジャワの茶が育っている地域ではどのくらい雨が降るのか。霧がでるか？　雪は？　茶樹を覆い守る木はあるか？　肥料と灌漑は？　労働者にはいくら支払われているか？　何を食べているか？　茶箱はどうやって作っているか？

オランダ人は喜んで答えてくれたようで、ゴードンが報告書を送っている。オランダ人はジャワに三〇〇万本以上をもっているが、中国人は海を怖がるので移住させるのは難しいと思っていた。しかし「強制労働を用いることはでき」、これはインドでは何の問題でもなかった。

しかし、議論はもっと壮大で利他的なところにもっていかれた。茶生産を中国からインドに移動させることは、イギリス人にとってだけでなくインド人にとっても大きな恩恵になるであろう。一八四〇年代にサミュエル・ボールはこの議論のニュアンスをよくわかるように述べている。

英領インドとそれに従属する地の人口は一億一四四三万人と推定されている。この人たちみんなが中国人のように茶を飲むようになるとすると、農業資源に主に依存している国にこの新たな労働力需要が与える衝撃、新たに栽培地となるこれまでは利益を生まず利用されてこなかった山地作業と生産が必要とする産業活動、それが発展させるであろう新たな間接的産業需要、最後に、ほとんど考えられることもないが非常に重要な政府に開かれる新たな歳入源、これらすべてが大きな関心事であったので、大規模茶栽培奨励がインド政府にとって日々早急の対応を要するものになりつつあるというのも驚くにあたらない。

また、彼はインドで喫茶が広まった場合のことも書いている。

宗教上ヒンズー教徒は獣肉を食べないということを考えると、バターや食べ物と混ぜて肉汁に似たかたちで茶を用いるモンゴル方式を導入採用すれば、清涼効果だけでなく粗末な食事に相当な付加物を提供することになる。浸出させて茶葉を使えば、大いに安楽と健康と節制の助けになる。[19]

偉大な茶探検家ロバート・フォーチュンを含めて、他にも同じようなことを書いている人がいる。[20]

イギリスや広範囲に及ぶ植民地で茶が生活必需品のようになっている近年では、大規模経費節約型の茶生産は並々ならぬ重要性をもった目的である。しかしインドの住民にとっては茶の生産は最大の価値をもつことになろう。貧しいパハリー（山岳農耕民）は現在のところ贅沢品など論外で生活必需品にも事欠く。彼らの土地で実を結ぶありふれた穀物は近くの市場までの運搬費に足りるかどうかくらいの利益しか生まず、必需品やちょっとした贅沢品を購入できるような利益をもたらすには全く及ばない。……こうした土地の一部で茶を生産すれば、市場で大きな価値のある商品というだけでなく、健全な飲料を得ることになろう。価値にくらべてかさばらないので、運搬費はわずかなもので、自分と家族を快適に幸福にすることができるであろう。[21]

唯一の問題は、正確にどこで茶を栽培すべきか、どうやって茶を改善して利益のあがるものにできるかということだった。まったくの偶然で解決策がみつかった。イギリス人が制御できる新たな茶生産地が突如イギリス人の手に入ったのだ。そしてこの地は世界の茶生産中心地となる。

農園開拓で働く象，アッサム，1880年

第七章　金なる茶葉

一八二四年三月一三日、イギリス人はカルカッタから銃を象にのせてゆっくりと行進し、アッサムを手に入れようとしていた。

急がなくてよかった。この僻遠の地のこれといった価値のない王国は、ビルマ人たちが立ち退いた際の約定の一環としてイギリス人にもたらされた。ビルマ人はコレラで壊滅的打撃を受けており、彼らを守るべき陸軍の益になるもの少なく、東インド会社軍はほとんど労なくこの任務を遂行した。一八二六年のヤンダボ条約でビルマの支配下にあったインドの地域を全てとビルマの三分の一をイギリスに割譲した。六〇年後に完成するビルマ征服についてダルハウジーが冗談めかして「さくらんぼを三口」と言った最初のひと口だった。(1)

新たに任命された弁務官デイヴィッド・スコットは請合った。「私たちは征服に飢えてあなたたちの国に入ってきているのではなく、敵が我々を攻撃する術を奪い、防衛せざるを得ないのだ」とビルマ王と宮廷の人々に言った。アッサムは、熱病と不快な宗教慣例で知られていて、長いこと肉体的にも精神的にも不健康な土地と見られていた。三方を「粗暴な野蛮人」をかくまうような山脈に囲まれていたので、東インド会社の征服リスト上位にはきていなかった。貿易会社ではあったが、東インド会社は事実上インドの支配者であり、条約を結び、軍の展開を組織し、歳入徴収を行った。ビルマ人がベンガルの国境を侵し、イギリス王冠の最も高価な宝石を脅かして初めて、東インド会社は行動を起こすべきときであると判断した。

ビルマ人がアッサムに入って三年、アッサムの人々はビルマ人を追い払うのを心から喜んだ。無防備な土地にはいった傭兵軍がたいていそうであるように、ビルマ軍は前例がないほどの獰猛さで略奪をはたらいた。生きたまま皮を剥ぐほどうちすえたとか、煮油にいれたとか、祈祷の家に火を放ち中にいた人たちを焼き殺したとか、そんな話が伝わった。それに彼らは峡谷を洪水から守るために必要不可欠な土手や堤防を建設しなかった。穀物は壊滅し、コレラなどの伝染病で征服者にも被征服者にも犠牲者がでた。ビルマ人は去っていくことをさして残念とは思わなかったかもしれない。自国に戻るために山を越えていくときに、三万人の「奴隷」を連れ帰ったということである。アッサムは人口が多いことはなかったが、さらに過疎化した。

新たなアッサム支配者が直面した問題は、どうやって治めるかということであった。王を置くか（その場合はどの王にするか）、それともインドの一部として単に併合するか。この問に対する答えは妥協であった。若きプランダール・シンには歳入の少ない上アッサムを治めさせ、下アッサムは東インド会社が引き受けようというのだ。プランダール・シンは、一八三三年四月に戴冠し、一九発の祝砲を受け、彼のライバルを支持した人々は不機嫌に黙り込んで儀式を見ていた。彼はひきかえに東インド会社に年五万ルピー（英領インドで最も高額）を支払うことになった。そしてまた必要があれば道路工事や行軍を援助することになった。

おそらくこれに先立つ何年かの状況に東インド会社は気づいていたのだろう。実際、ビルマ人の侵入を許すことになった王朝内の政争ではどの陣営にも武器を提供し、英陸軍インド兵小分派隊まで提供することもあった。しかし、概して他で忙しかった。この北東辺境についての本当の関心は、中国への扉になるかもしれないということに過ぎなかった。アッサムがどこまでなのかということについては、誰もが曖昧で、きちんと定義されたことはなかったが、チベットや中国南端の雲南につながる道があるのではないかと誰もが思っていた。

北東に抜けていって雲南にそしてさらにその向こうに巨大中国市場への道を見つけることは、イギリス人の執念だ。ラダク経由で北西も探っていたが、そちらではロシアとフランスが障害だった。インド総督ウオレン・ヘイスティングスが関心をもって、ブータンにいた特使ジョージ・ボグルに中国茶の種を送り、種とその他有益な貿易品をもって中国への入り口となりうるチベットへ行くように命じたことがあった。ボグルはアッサムをかすめて進み、娑羅の木の森、米、カラシナ、タバコ、芥子、綿の様子を描写した。

彼には熱意があり、イギリス人がはいっていくことへの反対は「遠征隊」によって簡単に対処できると考えた。一旦土地にはいってしまえば、すべてたやすいであろう。「アッサム侵攻後数ヶ月で、東インド会社の財政に負担をかけることなく兵隊に給金も食糧も与えられるであろう。」残念なことにビルマ王が中国に通ずる山と道の多くを押さえていた。この早い段階でも、ビルマ王を遅かれ早かれ追い出すことが政治的機密の一部となった。

アッサムはそれまで征服されたことがなかった。ビルマ人が退却していったそのフーコン谷から一三世紀にシャン族が迷い込み、次々にやってきてさしたる抵抗もなく王国を築いた。偉大なるブラマプトラ川に沿い他にも十を越える川が出入りするこの土地は、彼らが「黄金庭園の王国」と呼ぶほど実り多く豊かだった。別名を「繭つくりの国」と言われ、大きな森で蚕が育っていた。アッサムの女は誰でも極上の絹を紡げた。これは夫を得るために必要な技術だった。

支配者は谷に水稲栽培をもたらし、五〇〇年にわたって栄えた。王朝としてアホム族は寛容で、遠い姻戚関係もある山岳民族と調和して暮らしていくことができた。この遠隔地の王国が豊かな木材を生み、象が豊富であることをききつけてムガール人が引き憑けられ、侵略しようとしたときには、アッサムが常に自由に使える武器—密林と湿地と熱病—でムガール人を負かした。

アッサムは、塩だけを除けば自給自足可能で外部の人を必要としなかった。イギリス人がベンガルで行っていることを見て、彼らは非常に懐疑的になった。彼らはがめつい商人が越境してくるのを防ぐために地境に沿って一連の武装税関を置いた。交易者たちは互いに争い、小規模交易を行い、英陸軍インド兵をつけて野営した。東インド会社は、唯一重要視された塩の交易を請け負った。

そしてこの黄金庭園が崩壊し始めた。王朝内の紛争で中央権力が弱体化し、反乱と襲撃が起こった。ある陣営がイギリス人に助けを求めたとき、総督コーンウォリス卿は、禁じられた土地に入る好機とみた。彼はウェルシュ大尉をインド兵三歩兵中隊とともに派遣し、次のような指示を与えた。「労を惜しまずに、調査機会を活かし、最大限友好的関係を維持することが我々の利益であるに違いないのであるから、この国々の交易産業や天然資源ばかりでなく、人口及び住民の風俗習慣に関する可能な限りの情報を取得すること。」

ウェルシュ大尉は、鍛冶屋、甲冑職人、火夫、大工、イギリス人兵卒ばかりでなく医者も連れて行った。白人患者は少なかったので、探検に行くときに医者はいつでも手配できた。今回の医者、ジョン・ピーター・ウェイドは、マラータ戦争での陸軍に始まってこの類の人にありがちな変化に富んだ職歴をもっていたが、彼の主たる持ち味はフランシス・フォークの友人であるということにあった。(2)フォークはベナレスの総督代理で、アヘンとダイヤモンドで巨万の富を得た商人であり、その父はサミュエル・ジョンソンの友人であり、ロンドンの東インド会社幹部を動かせる力をもった人物だった。(3)

三〇〇ルピーというウェイドの給料は悪くなかったし、この未知の国が何をもたらしてくれるのか考えて興奮した。フォークに「アッサムはダイヤモンドの国ではないが、砂金の国であり、その方が産業や交易にはずっといい」と彼は書いた。「今日、ヨーロッパ人が足をほとんど踏み入れたことのない王国に私たちは入っていく」ので、競争はほとんどないであろう。フォークを友人としてもっているウェイドであるから、東インド会社の庇護のもと、まったく野心のない者にたいしてでさえ掴んでいってくださいと待っているような途方もないインドの富を意識していたであろう。実際、王を玉座につけて最初にウェルシュ大尉が行ったことは、塩貿易の占有権を東インド会社に与えるという商業条約の交渉をすることだった。これに関する手数料を得る要望について、その金額は一五万ルピーにのぼると予測しているとウェイドはフォークに書いた。

他にも豊かな報酬があった。ウェルシュが王宮から反逆者たちを立ち退かせたとき、王宮内に一〇万五〇〇〇ルピー相当の金塊をみつけた。ウェイドは捕獲物係員に任命されており、許可をとることなく「慣例的規則に則って」その金塊を分配した。彼らは金とアヘン用の芥子《ケシ》を認め、カルカッタに「塩とアヘンを数艇分」賄賂用に送ってほしいと要請した。彼らは、真の「黄金」の茶葉が鬱蒼とした森に生えていることを見逃した。小さな白い花を咲かせる目立たない木で、茶は存在を際立たせるものではなかった。チーク、白檀、蚕が食べるアロエなど、他に利益を生みそうな木があった。その中にひっそりとあったその植物が、ヤンダボ条約をイギリス人が寿ぐようになる理由を作る。

ウェルシュにとってもウェイドにとっても不運なことに、コーンウォリス卿にかわってサー・ジョン・ショアが新たな総督になった。(4) ショアは急襲裁量対象外だと言って略奪を非とし、探検隊を呼び戻した。彼はアッサムの件についてさらなる介入をする気がなく、自分たちで王のことを決定するべきだと考えた。

この時点で、ロバート・ブルースという人物が現れた。彼はアッサムで商売を始めた数少ない交易者の一人だった。抗争に際して、ある陣営に雇われ、そしてまた別の陣営、最後にはビルマ人に雇われた。チャールズ・ブルースもイギリス砲艦に乗り、兄弟ともに舞台に登場した。彼らはコンラッドが描くような冒険者だった。彼らはまた、発見者だった。彼らが発見したものは、今後数世代にわたってイギリス人を富ませ、アッサムの自然、社会、経済を変化させることになるものだった。

アッサムの人々ははじめのうちはヤンダボ条約と新しい統治者たちを歓迎した。受け継いだ混沌をみると、イギリス人が好意をもたれないのは難しいくらいだった。しかし、ビルマのフライパンを逃れてイギリスの火に飛び込んだことは明白になってきた。一〇年後、カルカッタの総督局は非常に批判的だった。「これまで我々はアッサムを非常に劣悪なしかたで治めてきた。この国は後退しており、村は荒廃し、歳入は年々減少している。」「農民を貧困と落胆におとしめ、人口を大幅に減少させ、政府が潤沢な歳入を得ていたかもしれない資源を壊滅させ、治世者に対する感謝の念を根こそぎにするような傾向が明白である。」

この「潤沢な歳入」が問題の原因だった。作業や産物に対するアホムの緩やかな税の取立てにかわって、無学な農民にとってはまったく理解不能な取立て書をもった歳入取立て「農民」の一団がのし歩いた。彼らは以前は気にも留められていなかった地域を測量し、ビンロウジの木、砂金とり、釣り、森、目についたものすべてに課税した。(5) こうした税金は現金で支払わなければならず、貨幣不使用の国ではそれが問題だった。

ラージャスターンの金貸しマルワリ商人はこの経済的混沌のどさくさに紛れてうまいことをする機会を逃さなかった。(6) 農民が収穫をマルワリに渡し、税金を支払うための現金にかえるシステムができてきた。納税地で所有物を売る逼迫した一家という光景がよくみられた。収税吏とマルワリ商人にとっては恐喝や腐敗の機会に満ちており、滅多に機会は逃さなかった。ブータンやベンガルへの大きな移住がおこり、人口が枯渇するのを防いでいたのは、ベンガル人の大規模な移入だけだった。

アッサムの大規模地主のなかの一人、マニラム・デワンが、「虎の腹の中に住んでいるような」状況を描写する苦悩の手紙を書いた。(7) 彼は初めのうちはイギリス人を支持したが、ヨーロッパ人に提供された有利な土地取引から自分が締め出されるとみるや苦い思いを抱き幻滅した。以前には注意深く守られていた地境をイギリス人は開いていき、ベンガル人が流れ込んできて、誰も所有権を主張しない土地に住み着き、このこともマニラムを悩ませた。ベンガル人は、飢饉から必死で逃れてきていて、アッサム人よりも働きものだった。はじめからベンガル人の存在は憤激をもって迎えられ、彼らの到着によって起こった社会経済的人種的分裂（イスラム教徒であったことによって悪化した）は長いことくすぶった。

東インド会社によれば、荒地と呼んだ森は誰のものでもなかった。イギリス人は低価格で熱帯雨林を賃貸しに出そうとしたが、一〇〇エーカー単位でしか出さず、アッサム農民はそのような大規模な申し出に応えることができなかった。また、アッサム農民は、土地が荒地ではないこと、所有者がいないわけではないことを説明することもできなかった。土地はきちんと境界をもって分けられ、経済の重要部であって、それぞれ村が共有地としてもっていた。こういう土地は、あらゆる用途に使える竹、燃やすための薪、薬、牧草、象、埋葬地、染料、ラック染料、樹脂、蜂蜜、香料、蚕の糧などを提供していた。

森を開くのでなくとも、村人が薪を集めるのもイギリス人は不法とした。貧しいがゆえという訴えにたいしては、多くのアッサム人の怠惰とアヘン中毒の結果であろうと言った。イギリス人は自分たち以外が芥子を栽培するのを禁じた。東インド会社が柵をめぐらし警護してアヘン生産のために広い土地を使った。東インド会社の人々は、中国に続く北東の道を発見するために丘陵地帯に行くときにはアヘンを賄賂としていつも持ち歩いた。

傀儡の王プランダール・シンは幸運に恵まれなかった。彼にその土地を与えたのは間違いだったとイギリス人は茶樹が見つかったときに気づいた。茶樹が育つ土地だったのだ。プランダール・シンは「強欲な吝嗇」であると弁務官が決め付け、たいした苦労もなく彼を玉座から引きずりおろした。彼の息子はマニラム・デワンの反乱に加わり、それからは、このかつては栄華を誇った王朝のことは何も聞かれなくなった。恐らく困窮した親戚によって彼らの墓までが荒らされた。

谷の地域が片付いたので、東インド会社は、人口は少ないながらも荒々しい人々が住んでいる三方を囲む山岳地帯に注意を向けた。一九世紀の植民地主義者の部族民に対する態度は予想できるだろう。イギリスの中でもスコットランドのハイランド人はふつう野蛮人として描写された。ハイランドにも、東洋にも、気高い未開人などいなかった。部族の人々は、汚くて、攻撃的で、ずる賢く、異端者で子供じみていた。「下劣で野蛮、身体も不潔でむさくるしい」、「ひどく粗暴で醜い顔立ち」、「不満で落ち着かず、陰謀好き」、「粗野で不誠実な人々」というのが、アッサムを手にした白人たちがチベット・ビルマ人に会って持った最初の印象だった。

山岳民族の多くが、イギリス人にとって重要になる地域に住んでいたのは不運なことだった。「国々の間の商業の幹線となるよう自然が設計した」土地であり、「利益を生まないままに、人を寄せ付けない密林」となっているが、「澄み切った小川は砂金に満ち、山は貴石と銀を宿し、空気は繁茂する野生茶の芳香を漂わせ、何百マイルにもわたって絹と綿とコーヒーと砂糖と茶が続く楽園になるかもしれない」と検査官は描写した。この楽園は、誰のものでもないと決め付けられた。そこに住んでいる人々は、死に絶えるか他の密林を探して去っていく動物の一種であるかのようにみなされた。

しかし、山岳の人々は、その多くが中国への道筋に居住していたため、無視することはできなかった。まず、山と平地の境界がつけられなければならなかった。この目的のために政府の測量局が使われた。この測量技師たちはスパイとしての役割ももち、部族民たちから大いに疑惑の目でみられ、ときおり首を刎ねられるほどだった。しかしなによりも、山岳民による谷への襲撃は、新しい統治者の主たる任務である収税を妨げた。

襲撃に対してアホム族がのんびり構えているので、新しい長官とその部下は眉をひそめた。地境に沿って、誰にも属さない土地「ポサ」があり、そこは部族民が年々一種の上納物を集めるところだった。家々は布を納め、かわりに部族民は襲撃しないということになっていた。ポサでは、定期市が開かれて、綿、蜂蜜、象牙が下ってきて、米と塩が登っていった。概して、調和のとれた均衡が維持されていた。それぞれ違った理由で山岳民と平地民は互いに軽蔑しあっていた。イギリス人はどちらも軽蔑したが山岳民により用心した。大きな銃をもって山を登り吊橋を渡っていくのは非常に難しいことで、クーリーに貯蔵物と装備を持たせるのも難しかったので、このことは山岳民を服従させるのがより困難であるということを意味した。実際、クーリー常備部隊をつくる計画があった。イギリス人は犯罪者をクーリーとして使うことも考えたが、深刻な犯罪が起こらないアッサムのような国では犯罪者の供給が不足した。

収税妨害以外については、布をとりに野蛮人の集団が毎年やってくるのをイギリス人はあまり気にしなかった。どういう対策がありうるか？　地境に沿って砦を築くか？　アボール族、ミシュミ族、ミリ族、ダフラ族、ナガ族やその他の部族の人々の潜入を制することは高くついたし、難しかった(8)。この状況にある種の秩序をもたらすべく、そして同時にどちらが支配者であるかということを示すために、境界をはっきりさせて、討伐隊が送られ、署名されるべき条約書面が送られた。その条約文を差し出されてアボール族の首長は食べてしまった。一八三五年から一八五一年の間にナガ族に対してだけでも一〇隊も討伐隊が送られた。地境に沿って茶農場が拡大していたので、彼らが近づかないようにすることが肝要だった。

しかし、こうした討伐隊は費用がかかり、無駄であるとダルハウジー卿は判断した。彼は次のような命令を出した。「我らの土地にとどまっているべきであり、これら野蛮人たちの反目や戦いに介入すべきでない。乱暴狼藉があれば、売りたいもの、買いたいものの交易から彼らを厳格に排除するべきだ。そのほうが、彼らの国を公の宣言により併合するとか部分的に占領して事実上併合するよりも費用は少なく、正当性は高い」とした。大いなる併合家ダルハウジーであったが、山岳地帯に地境を想定するのみで、その境の向こうでは無法なやりかたであろうがなんであろうが勝手にしていればいいという態度が最適だと考えた(9)。この地点に近い人々は、山岳地帯を越えて中国に通商隊が行くときに宣教師が加わる計画を立て、「警戒心を強く抱いている官吏が港からの外国人排除に腐心している間に、中華帝国の核心にキリスト教を植え付けることもありうる」と考えた。

最初の一〇年間、長官デイヴィッド・スコットは、収税とチェラプンジに最初の丘陵支局を作ることに奔走した。[10] 彼はそこで暮らし、そこで死んだ。彼がこの土地を獲得したことについてはその正当性に疑問があったが、王位を追われた諸王以外は誰も問題にしなかった。

アッサムは通信からとりのこされ、川は気まぐれ、森は危険だったが、まもなくこうした否定的なことは忘れ去られることになる。チャールズとロバートのブルース兄弟が住み着き、土地の女と結婚して、出掛けたときに、ある植物に躓いた。これがアッサムとインドを、そしてある意味で世界を変質させることになる。しかし、アッサムで育っていたこの野生の茶の発見後一〇年間は何もおこらなかった。カルカッタの植物園の専門家は、デイヴィッド・スコットから見本を送られて（彼はマニプルでも見つけていた）、これは同じツバキ科植物であるが、中国茶の一種ではないと言った。

その間、ブルース兄弟は谷周辺の部族と交易するうちこれは本物であると確信できるものを発見していた。ロバート・ブルースは族長と同意して何本かもらい、兄に渡して兄がデイヴィッド・スコットに届けた。スコットは数本自分の庭に植え、数本カルカッタのウオリッチ博士に送った。「この地のビルマ人と中国人に尋ねたところ、野生の茶であると意見が一致しています。ここにあるどれよりももっと完璧な種をもっていたのですが、今みつかりません。百科事典の図版と同じこの形でした。」と彼はウオリッチに請合った。

そして彼はその見失っていた種をみつけ、「それも缶にいれて他のと一緒に送った。」植物を同定するにあたって種が重要であったが、ここで送られた種にウオリッチは納得しなかった。しかし、アッサム軽歩兵隊のチャールトン大尉が熱意をもち、農業園芸協会と連絡をとった。「サディアの住民は乾燥させた葉を煎じて飲む習慣がある。……この葉は乾かすと中国茶の味と香りを獲得する」と描写した。[11] それでも権威ある人々からは反応がないままだった。

一八三五年一月、ゴードン氏がまだ中国にいる間に、アッサムの茶業委員会に驚愕の知らせが届いた。総督の調査官ジェンキンス少佐とチャールトン大尉が、上アッサムで育っているのをみつけて、茶の葉と実の両方の標本を添えて報告書を送った。今度は新鮮な種を調べることが出来てウオリッチはこれが真正カメリア・シネンシスであると言明することができた。ジェンキンスによれば、「茶樹はこの丘陵地帯至るところにみることができ、ビーサのジンポー地区の我々の管轄区内で、あまり質はよくない種類であるが疑いなく自生している。……ここから、広く栽培されていると聞いている中国雲南地方までの一か月を要する道のりにわたって……どこにでも繁茂している……正真正銘の茶であることを私は疑わない。」雲南と茶樹で結ばれている。この上何を望むと言うのか?

実はジェンキンスとチャールトンは六か月前に東インド会社の治める地境のジンポー地域で「質のよくない種類」の茶樹をみつけたと確信していた。チャールトンは実際にジンポーの人々が葉を細かくして煮たものを丸めて簡易茶を作っているのを見た。彼はこうして出来たものを壷にいれてカルカッタに送ることまでしたが、種が到着してはじめてウオリッチは確信をもった。

それから幸福感に包まれた。「この帝国の農業及び共有資源に関わるものについてなされた発見のなかで重要性と価値において傑出している」と委員会は誇らしげだった。「サディアから雲南へとアッサムでは茶が自生しているのだ。」雲南は正確には当時彼らの支配下にはなかった。しかし雲南への道がただちに開かれることになった。

荒っぽい計画が荒っぽさを増して進められた。ジェンキンスは、二、三人の「できる中国人」をパトカイ丘陵を越えて雲南に送って、アッサムで栽培を始めるために中国人を集めてくることを提案した。中国人なら自動的に茶樹を育てる技能を持っているかのように普通思われていた。ジェンキンスは、三〇〇万人、四〇〇万人を支えることができるであろう密林と山地の「限りない荒地」のことを考えてたまらなく嬉しくなった。開拓しさえすればよく、その仕事のためには「シャン族の群団」が手近にいた。ビルマのアヴァを占領し、中国から雲南を引き離してはどうだろう？

これは陶然たる見通しで、もう世界の他の地域はどうでもよかった。リオ・デ・ジャネイロのことを気にしている人などいるだろうか？　セント・ヘレナはいずこの話？　ゴードンが派遣先から呼び戻され、チャールトンから送られた茶の見本が五月にウオリッチの机に到着したとき、多少かび臭いがまあまあ飲めると彼は言った。確かに、宮廷の総督代理バーニー大佐が送った「ビルマ式」よりもおいしかった。

その間、ウオリッチ及びグリフィス博士とマクレランド博士という三名の専門家がアッサムでどのくらい茶が見つかるのかを確かめるために八月に旅立った。チャールズ・ブルースが彼らを迎える予定だった。彼らはこの地のことを何も知らず、言葉もわからなければ、地方の支配者とつきあう儀礼も知らなかった。ブルースと会うまでに四か月かかった。ブラマプトラは洪水で、彼らの進みは遅くなったが、寒いときによくあるように砂州で立ち往生ということは少なくともなかった。象、牛車、カヌー、徒歩の旅の困難にも関わらず、二人の植物学者にとっては魔法の世界にいるような経験だったに違いない。何十もの樹木や植物が「ウオリッチ」や「グリフィス」の名前をもらっていることをみると彼らが発見を狂喜していたことがわかる。

東の上アッサムで彼らは最も好結果を得た。グリフィスはこの探検の日記をつけており、ジンポーの村に到着したときのことを回想している。彼によれば村人は「剛健でかなり洗練され、自由で気楽で独立した民族」であった。東アッサムのジンポー族の人々は喜んで彼らを案内した。一月一六日「自生地での茶の調査に時間を費やした。」しばらくの間密林をかきわけていくと、突如茶につきあたった。「この植物は狭い範囲、おそらく三〇〇平方ヤードくらいのところにだけあった。……立地によって花が咲いているところと実がなっているところを見ることができ幸運だった。……背高く細長く育って、少なくとも丈の低い樹の樹冠は小さくて生育が悪かった。大木は珍しく、ほかの原住民と同様に先見の明がないジンポー族が切ってしまってあった。」

しかしこの原住民は茶葉をどうするか見せてくれることができ、これは彼らの誰にとっても本当のところ最初のほんものの茶生産に関する情報だった。「彼らは若い葉しか使わないと思わざるを得ない」とグリフィスは書いた。「彼らはとても清潔に違いない大きな鉄鍋で葉を炒ったというか炒るようなことをした。炒っている間掻き混ぜて手で揉んだ。十分に炒ったら、三日間天日に干し、その間露と陽に代わる代わるさらし、最後にぎゅうぎゅうに竹のいれものに詰めた。」

密林をもう少し探検したあと、彼らは川を越え、そこでは野生の茶が豊かに「やみくもに」茶が生えており、この地域に住んでいる人々のこれからの運命を予兆した。実際、この地は最初の実験農園用地として占有され、潮時をみはからって「併合された」。四〇年後、マニプルの政務官が自分で茶を育ててみようと言ったとき、王がやめるようにと懇願した。もし成功してしまうと、マタックの人々の土地のように彼の土地も即座にすいあげられてしまうであろうという理由だった。

ウオリッチとマクレランドは自分たちの発見を報告するためにカルカッタに帰り、グリフィスはビルマに向かった。ビルマ宮廷のイギリス総督代理ベイフィールド博士と会うと、彼らはまた別の種類の茶を発見した。「これとこれまでにみた茶の違いは、茶葉の小ささときめ細かさにあり」、飲料にすると苦かった。この地の中国人は「密林茶のことを話しており、良い製品にはできないと確言している。彼らは貴重な茶が非常にたくさんあることを話している。」この植物に対する興味が深いことは明らかだった。

ウオリッチと茶業委員会が中国人をアッサムにつれてくる算段をとっている間に、チャールズ・ブルースは探検を続け、発見したことをジェンキンスに報告していた。一八三七年八月、特に実りのあった出会いのことを書いた。使用人を一人と荷物運びを二人つれて彼はジンポーの村に入り、首長と話した。この人物は彼とウオリッチが以前訪ねた首長であり、そのときに話したほかには茶はないとブルースに確言した。「自分の家から遠くないところに広く茶樹がみられるところがある」と彼は認め、これは本当だった。そしてこれで全部だと首長は言った。ブルースは、腰を下ろして脚を組んで、ジンポーのパイプを吸い、首長を「兄貴」と呼び、自分の横に銃を置いていた。「首長はブルース氏の銃をとって、自分も一挺もらえるように長官に頼んでくれと請うた。」他の首長たちは既にもらい受けているということだった。(12) ブルースは、もっと情報を与えれば銃をやろうと言った。そこで彼らはさらなる茶を探しに出掛け、茶樹の周囲を開くようにブルースは首長を説得し、茶が「用意された」。ブルースはこれは中国茶に匹敵すると思った。村に戻って、金銭とアヘンをもっと積んで、もっと教えられることはないかと首長の記憶をさぐった。

このときもそして茶を捜した他の機会でも、ブルースの言葉と礼儀の知識が肝腎だった。前年の一〇月彼は川をわたったモアマリア派の土地、マタックの地に分け入った。モアマリア派は反乱をおこしアホム衰退に貢献していた。ここで彼は「親切と数点の贈物」で普通の部族民は満足するということを学んだ。「彼らは情報を私に与えることを厳しく禁じられていたが、茶地帯をひとつまたひとつと教えてもらって、私は十分に報われた。」自分は「あなたたちの国に尽くすために」やってきたと彼らに言ったが、「彼らはひどく偏見をもっていて、そんなのは嘘だと確信していて、だれも私が言うことを信じなかった。」茶を作れるように教えてもらい、東インド会社がそれを彼から購入し、「自分と自分の国が利益をすべてもっていくのであるから、開拓し製造する費用を出さねばならない」と彼は「王《ラージャ》」に言った。

この地域にいる間に彼は面白い発見をした。村人は米を作るために土地の準備をしていた。その過程で茶樹を地面のところまで切り詰め、周囲に鍬をいれ、雑草を抜いた。稲を刈る二ヵ月後、切られた茶樹は芽を出していた。一〇月までには茶樹は三フィートから一〇フィートの高さだった。ブルースは一〇フィートの茶樹を四フィートまで剪定した。すると切り口の下から芽が出てきた。茶栽培の第一講、剪定すると茶は早く育つということを彼は学んだ。また、茶は水辺でよく育つということにも気がついた。茶は礫質の丘陵を必要としていないのは確かだった。

このマタック地域は最初の実験地としてもっとも有望に思われた。そこの「王《ラージャ》」に、イギリス政府が彼のために（政府が彼を引き立ててくれているかのように思わせた）茶に関して大いに苦心し多額の出費をしていることを説明して、首長が製茶を学んだら東インド会社は彼から茶を買うと再び約束した。自分の出費で土地を開墾するのは無理だろうとブルースは繰り返した。ジンポー族が思うようになったら、「上アッサム中が茶園になるだろう」とジェンキンスに彼は言い、ジェンキンスがそれを茶業委員会に伝えた。

同じ一八三六年一〇月、最初の中国人がアッサムに現れた。そしてその数か月後、製茶された茶六箱をカルカッタに送る用意ができた。チャールズ・ブルースはジェンキンスに、中国人が「私たちの茶樹をみて喜び驚いている」と伝えたが、その中で製茶者は二人だけであって、あと十数人は欲しかった。ジンポー族の人々はやがて興味を失ったことがわかった。彼らの仕事は密林を開くことであったが、「彼らは自分たちが好きなやりかたで、自分たちが好きな時に働いた。」

自生の茶樹だけでは足りなかった。ブルースは同じ地域にあるほかの茶樹をとりにやらねばならなかった。その過程で茶樹は移植に耐えるということがわかった。三〇〇〇本の苗木が、生えていたところから八日の旅をし、うまく定着した。ブルースはアッサム茶製造に関する報告で「茶樹がどんなに強健であるかを示すために」次のように語った。

自生地の密林から茶樹をもってくるために送った村人がまず根ごと引き抜き、根を下にして土をつけずに籠にいれて、背負って二日運び、根の周囲に普通の土を少しかぶせてやって立てたままカヌーで運び、七日から二〇日かけて私のところに届いた。それから半日かけて予定していた新しい農場に運ばなければならず、根に湿った土を少しつけておくだけで四日から五日経った後でやっと土に植えられた。それでもこの樹は、少なくともその大部分が大丈夫だ。(13)

ウオリッチとジェンキンスは「無数の労働者を移住させれば」すべてうまくいくだろうと見込んだ。皆アヘン中毒者とみられていた怠惰なアッサムやジンポーの人々はチョタナーグプルの「勤勉な人種」にとってかわられるべきだった。[14] この勤勉な人々がいればブルースの実験農園は一年に二〇〇箱から三〇〇箱の茶を生産することができ、「大資本が参入するであろう。」そうしたら、産業最大の頭痛の種のひとつである労働力問題も解決することができるだろう。

人跡未踏の地で行き詰まり、野生の象の群に満ちて、ヒルや鼠のように有害小動物とでも呼びたくなるくらい虎が多数生息する密林に囲まれて、家族から遠く離れ、女性もいなければ娯楽もなく、ジンポー族だけを仲間に、チャールズ・ブルースは中国人があまりの苦労に逃亡したり倒れたりしないようによくやった。

彼は定期的に記録をとり、ジェンキンスがカルカッタにニュースを送った。カルカッタへの道筋は週単位の時間を要し、ニュースが伝わっているかどうか不確かなところがあった。しかし、ブラマプトラ川があるということが茶産業にとって常に大きな意味をもった。モンスーン期には怒涛のようで、流れの向きが変わったり冬には予期せぬところに砂州ができてとらえどころがなかったが、海岸に面していないアッサムにとっては幹線ルートだった。対照的に、ジャワのオランダ人は茶を港まで運ぶには、牛車でたいへんな道を通っていかねばならなかった。

ブルースは中国人がどうやって茶を作るか非常に詳細な記述をしてジェンキンスに送った。これは当時イギリス人が書いたものの中で、最善で最も正確だった。ブルースが言うには、まず摘採では、親指と人差し指で若葉を四枚摘み取る。これは細心の注意を払って行われる行程で、日本では茶摘をする人は手袋をするくらいだ。この若葉を笊にいれて、長い竹で天地返しをして萎むのを促しながら天日に干す。乾いたら室内に運び半時間ほど冷ます。さきほどの笊よりも小さな笊に入れて、一〇分間手でたたくようにし、笊に戻し、この過程が三度繰り返されて茶葉は柔らかい革のようなしっかりした手触りを得る。

それから鋳鉄製鍋にいれて竹を燃やした火にかけて暖め、火からおろして手で注意深く広げ、素早くかき回す。それからまた火にかけて、これが三回か四回繰りかえされる。そして台の上に広げて、山にわけ、山ごとにそれぞれ別に作業して、水分をとばすように揉む。この手揉みが非常に微妙な作業である。コツは、「球状の葉を円を描いて動かし、手の中と手の下でかえしができるようにし、二回か三回全体をぐるりと回し、腕をいっぱいに伸ばして一葉も残すことなくすばやくかきあつめ、このやりかたで五分揉捻する」ことだった。どの段階でも丁寧に扱い、かたまりにならないように両手で指を広げて持ち上げて、とてもやさしく落とし、笊から茶葉を出すときにはさらさらになるように叩く。茶葉が火に直接落ちてしまうと、煙が立ってしまう。笊は地面に決して置かない。

半ば乾いたら、棚に置く。次の日再び火をいれてよい具合にぱりっとしたら、大きな笊にいれて笊の蓋をして「弱火」にかけ、指で確かめ、ちょうど良い具合にぱりっとしたら、笊からだして清潔な靴下をはいた足で箱につめる。清潔さと丁寧な扱い、それに特に、次の段階に進むべきときはいつであるのか正確に知っている経験を積んだ指が、この最初の中国人が研修過程でいかに重要であったかということを示した。なぜだかはわからないままに、彼らは後に科学者が夢中になって調べ試験し実験し書物を書いたやりかたに到達していた。長年にわたって、初期の農園主はブルースの方法を採用した。これは多くの農園主にとって現実に役立つ唯一の情報だった。

一八三七年にアッサム種から作った大量の茶の見本は総督をうならせた。しかし、ブルースの成功にも関わらず、後の年間一二箱に関する「良好な評価」にも関わらず、最初の実験農園をどこにどのように作るかについて意見が対立した。中国種を使うべきだという見解が依然として一般的で、カルカッタに植えるべく中国種をもっと集めるためにゴードンがまた派遣され、種子がアッサムに送られた。彼らは平地がいいか丘陵地の方がいいかということについても議論した。クマオンのフォークナー博士は、「茶樹が繁茂するには寒冷な気候が必要である」、具体的にいえばヒマラヤだと主張した。(15)そこで種子も茶樹もいろいろな地域に送られた。

一八三九年までに自生茶地帯が一二〇箇所も見つかったが、それでも中国種が好まれ、優れているわけでもない交配種が作られた。一八八八年になってやっと「みじめな中国種《しゅ》、アッサムでは迷惑種」がついに見捨てられた。こんな失敗と混乱を経て、このプロジェクトを個人企業家の手に受け渡すべき時がきたと判断された。

プレジャー印茶の広告，1888年

第八章　熱狂　アッサム一八三九―一八八〇

アッサムの人々が相談を受けたわけでもなく、土地を外国人に売ることにも、森が消えて何千エーカーものつんつんと葉を出した緑の茶樹（その利益はカルカッタとロンドンに行ってしまう）になっていくのを見ることにも誰も異を唱えなかったのはおかしいと思うであろう。この一見黙認とみえる態度は、この国の性質、民族性、海のない奥地の特質で説明できる。可能な限りアッサムの人々は茶産業を助けることを拒んだ。彼らは茶園で働きたくなかった。小額のお金を稼ぐために照っても降っても一日中立ちっぱなしの仕事を女たちにさせたくなかった。凶作の年でも、インドの他の地方の人々のように飢えることはなかった。こういう切羽詰った諸民族がアッサムに流れ込んできて、社会のバランスを崩し、日用品、特に米の価格を吊り上げたとき、アッサムの人々は考えを変えることもできた。しかし彼らは変わらなかった。

新たにやってきた統治者に対する抵抗にあたって、アッサム人の強みは弱みでもあった。彼らは階級による強い臣従の義務をもたなかった。この国の統計でみると、カーストは存在するが、社会的地位の高低を伴う職業分布と言ったほうがいいものだった。社会的地位をもたない追放者はおらず、窓掛けで婦人を隔離することもなかった。団結して交渉したり、起こっている事態に関して強固な抵抗を組織するようなメカニズムが存在しなかった。比較的犯罪から自由で、階級制がなく、基本的生活は自足的で、アッサムの人々は、ヨーロッパ人、ベンガル人、マルワリ、シク教徒がなだれこんでくるなか、自分たちが押しのけられるのをただ見ていた。彼らができることはほとんどなかったが、そのわずかなことを行うといつも意気地がないとか怠惰だと描写された。統治する側からみるとこれは上々だった。茶農園主からみるとじれったかった。

竿で作ったヤード尺と賄賂を携えた検査官、それに探検家が山岳地帯に送られ、山岳民族がここまでしか来ないようにする境界線を設定した。その他の大胆不敵な輩は十字架と持久力効能のある薬をもって山に分け入った。山岳民族はアニミストだった。彼らの日々の目的は悪霊の機嫌をとることだった。病気を含めて不運はこの霊からやってくるもので、唯一の対処法は犠牲だった。そこで、山岳民族はキリスト教への改宗によって教化されるであろうと考えて、宣教師たちは激励された。平地のヒンドゥー教徒についてはあまり成功しなかったが。

一八三九年、最も高値をつけた入札者にアッサム全土を貸し出す準備ができ、アッサム会社と称する会社が躍り出た。一八三九年二月一二日、グレイト・ウィンチェスター通でこの件について話しあうために商人たちが集まった。「依然として一般的に非公式にはイギリス人を蛮族と呼び、蛮族に」

中国を去れと命令している不愉快な中国人のことが話題になり、そんな状況であるから別の茶供給地を得る必要があった。茶業は、イギリス人に関する限り「最も屈辱的な環境で」行われていると彼らは論じた。インドでは、労働力は安く、茶製造の行程は、「平和な習性をもつアッサム人に特に適していた。」商人にとって茶は「利潤の大きな源泉であり、国家的重要性をもつもの」だった。

茶製造調査予備委員会が構成され、製造方法について東インド会社に情報提供を求めた。この冒険的事業の出資応募者は　募集をはるかに超えて、資本提供及び出資約束で一二万五〇〇〇ポンドをもって事業を開始した。茶業委員会に送られたチャールズ・ブルースの報告書[1]が、一八三九年六月に農業園芸協会で発表され、他の重要な雑誌にも送付されたので、アッサムで起こっていることを宣伝し、熱意をかきたてる働きをしたのだろう。そのなかで彼はみつけたすべての茶樹地帯を描写し、唯一必要なのはさらなる労働力であると主張した。「中国でそうであるように、茶樹地帯や農園にそれぞれ何人かの生産者をおくことができるほど十分な人数が確保できれば、製品の安さでかの国に匹敵することを望んでいいであろう、いや中国よりも安く販売できるかもしれないし、安くしないといけない。」

ブルースの報告書は、天候、日陰、湿気、茶箱にどのように鉛をはるかなどについて有益な情報の宝庫だった。開墾のために密林を燃やしたこと、灰から元気な茶樹が現れ出てくることなども書かれていた。労働力のことを考えて、イギリスに送って茶葉を加工することを提案していた。「中国人の指導のもと一年で、機械で茶を揉捻、篩い、仕上げをするのをイギリス人の器用さに任せていいかもしれない。そうすれば貧しい人でも良質の不純物のない緑茶を飲むことができるだろう。」

ブルースはまた費用と利益のことも述べた。茶樹一〇区域で年間二万三二六六ルピーの収益になるであろうから、一〇〇〇区域で二三二六万六〇〇〇ルピーになるだろう。もちろん、これは労働力確保に依存するが、心配はいらない。「家族を養うために土地だけでなく一定の給料を得ることができると知った途端にベンガルであふれた人々がアッサムに流れ込んでくるだろう。」アッサムの人々にみられる熱意の欠如はアヘン中毒のせいだと見なして、アヘンを「この美しい国を荒廃させ、野獣に席捲される地にし、アッサム人を洗練された民族からインドで最もみすぼらしく、卑屈で、狡猾で、堕落した民族に後退させたあの恐ろしい疫病」と言った。

この楽観的予測にずいぶん励まされて、労働力問題についての警告には目をつむり、合弁会社が設立された。これはロンドンとカルカッタに二重の役員会をもった。カルカッタの役員会は監督者と中間管理職を雇わねばならず、労働者を集め、中国人茶製造者を得て、船も建造しなくてはならなかった。これは三部にわかれ、一部署はブルースのもとにあった。一八四〇年春、東インド会社の実験農園のうち三分の二が一〇年間賃貸料なしでアッサム会社に貸し出された。

イギリス人は中国人を軽蔑していたかもしれないが、中国人だけが製茶を知っている民族であり、彼らをアッサムにひきつけなければならないのは、イギリス人にとって残念ながら本当のことだった。アッサム会社はシンガポール、バタヴィア、マレーシアで中国人を求めて探し回り、一八三九年一一月に最初の一群がペナンから到着した。この一群とそして後の人々も若い助手たちに案内されてアッサムに行った。彼らは最初から常に問題視された。

ある一団は非常に厄介で、川を上る途中でクビになり、近隣の慈善にゆだねられた。アッサム会社役員会がこの状況を次のように描写した。「多額の金額をかけて多額の給料を払って何百人かの中国人を確保し、アッサムに送った。……この人々は非常に性質《たち》が悪いことがわかった。彼らは騒動をひきおこし、頑固で強欲だった。」会社が雇っている他の働き手に悪い影響を与えるであろうと思われたので、契約を撤回し、最も経験のある製茶者と最もおとなしい者を除いて、一団が解雇された。依然として誰もが、中国人は、どんなに貧しくとも、切羽詰っていても、無知であっても、茶樹の育て方を知っているという幻想のもとで仕事をしているようだった。喜んで雇われようと思うような人々は、茶栽培の知識をもっている人々ではないかもしれないとは気づいていないようだった。

計画通りに事は運んでいないということをロンドンの役員会が間もなく察知した。現場の人と通信するのに何か月もかかり、予想された収益が届かないときには、彼らは当惑した。資金は注ぎ込まれていた。どこへ？　一八四三年株主の面前で役員会は虚勢をはり、「かわらぬ自信」を標榜したが、失望し心配になって、彼らは「高い地位と人柄をもった紳士」Ｊ・Ｍ・マッキーを調査のため送り出した。大きな助けにはならなかった。彼は時速三マイルの象に乗って一〇〇マイルの社の土地を巡らねばならず、カルカッタに帰ってきたときには報告書も書けないほど病が重くなっていた。

カルカッタから二人目が調査のために派遣された。この人は、数年カルカッタに住んでいたアッサム会社副長官ヘンリー・モネイで、糾弾の声高く、改革の熱意激しい人だった。彼は、雑草と開拓されていない土地と茶樹の惨めな状態に愕然とした。彼は即座に労働者の賃金を削減し、仕事が進まないときにはクビにした。彼が報告しなかった（彼もカルカッタの人員全員もかんでいたので）のは、農場主が老いも若きも、茶会社の労働力と象と船と時間を使って、開拓された土地を受け継いで自分の農園を作ることに従事しているということだった。アッサム会社の農園が廃れるのも無理はなかった。

状況は引き続き悪化し、一八四七年までには買い手がいれば喜んで売り渡したであろうという状況だった。何エーカー、何マイルにもわたって土地は開墾されたが、その多くが植樹されないままで、そこにある茶樹は半分中国種、半分自生で、労働力不足のため手入れされることもなく、しばしば摘採されなかった。一八四五年の会計報告では、「社は以下の財産をイギリスに所有する。つまり、収支残高イングランド銀行に現金一〇〇ポンド、同じくウィリアムズ社に六二四ポンド六シリング三ペンス、同じく小口現金一七一ポンド四シリング二ペンス、同じく証紙五ポンド。」これはふつうの規模の会社資産にしては小額だった。

後にこの最初の破滅的数年を振り返り、何がいけなかったのか冷静な診断が下された。従業員をおき労働者を定着させる際は、どんなに遠くて困難であっても、自生茶のある小さな地域を使って農園を作った。深い密林は、蚊に満ちていたので、誰もがマラリアに罹った。茶に適している要件、暖かさ、湿り気、部分的日陰、というのが昆虫や細菌にとっても好ましく、乾燥地帯からやってくるヨーロッパ人、インド人と中国人労働者には明らかに適さないというのは残念なことだった。従業員と労働者の住居が作られた開拓地は、蒸し暑く、嫌な臭いのする水浸しの土地で、衛生設備もきれいな水もなかった。赤痢もコレラも腸チフスも寄生虫に対しても何の対策もなかった。何マイルにもわたって無医地帯だった。

象がこの気候を好んだのは幸運だった。象なしで何かができると考えるのは難しかった。象は土地を開き、物資と農園主を運び、はじめのうちは川まで茶箱を運ぶ唯一の輸送手段として使われた。象一頭が六箱運んだ。後には一頭で五四箱運ぶ象荷車で運搬した。クーリーだとふたりでたった一箱だった。小さな農園は、茶葉を拠点に送り、そこに製茶場があった。製茶場といっても、工程は手作業だったので小屋が並んでいるだけだった。最も近い川で丸木カヌーに積み込まれ、ブラマプトラ川で船に積んだ。改善を意図してアッサム会社は蒸気船を購入したが、これは高くつく失敗だった。なぜなら、蒸気船は大きな手に負えない川の予期不能の変化に対処できなかったからだ。

初めの茶園助手はインドのほかの地方からえり抜かれてきた若者だった。この先駆者たちの勇気と忍耐は大いに重視され、彼らをヒーロー的存在にまつりあげることもある。「開拓者はここでは、友達と切り離され、あらゆる贅沢を剥奪され、ミアズマに満ちた空気を吸い、絶え間なく蒸し風呂にはいっているようで憔悴していたが、すべてに耐えていた」とW・H・ユーカース(2)は『世界茶文化大全』に書いた。しかし、埋め合わせもあった。手当たり次第の狩猟でも、大きな鳥獣、鹿、野豚、あらゆる種類の雉、鳩、孔雀がいるので、豪勢な狩猟であった。川には魚がわんさとおり、もし助手に鳥や蝶や咲き乱れる花や樹木への関心があったなら、楽園に住んでいるようなものだった。

若いイギリス人は給料は少なかったであろうが、それでも本国ではほとんどの者が知らなかったライフスタイルを楽しんだ。一軒まるごと自分のもの、召使、好むときには臥所に女、それも石鹸をやればいいのだ。私有茶園でものすごい富を得た者もあった。上司が事故やアル中で早期退職したり死んだりして、出世の道が素早く開けることもあった。インジゴ染料、ゴム、コーヒー、砂糖、アヘンの農園主と同様に茶農園主も引退するときには莫大な富を得ていた。

彼らの命運が回復したのは、会社に方向転換をさせたバーキング・ヤングという前カルカッタ視察官のおかげで、とうとう役員会は株主に良い知らせをもって相対することができるようになった。一八五三年会社は最初の分配金を支払い、その後潤沢な配当金が続くことになった。それでも依然として不安はあった。粗野な蛮人が奴隷をかっさらっていこうとしているとか、待ち伏せして運搬人から金銭を盗ろうとしているとか、常に脅威だった。それにまたさらに最大の問題があった。働き手の確保だ。産業が離陸し、何千エーカーにもわたって茶樹が植えられると、摘採のために何千もの手が必要だった。しかし、一八五〇年代から六〇年代にわたって、着実に改善した。一八五〇年までにアッサムには五〇の民間企業があった。一八六一年、即座に土地に所有権が生ずるという新法をカニング卿が導入し、ラッシュが始まった。

一八六六年、アリックとジョンのカーネギー兄弟が茶ラッシュに加わろうとアッサムに上っていった。ジョンは前年に出発して中国で一年を過ごしたが、上海では満足できなかったようだ。一八六六年二月七日彼はインドへの船旅の途中で両親に手紙を書いた。「ちょうど私の目的地を出てきた輩から、私のこれからの住処になる地についておかしな話を聞きました。彼によると、五〇マイル行かないと隣の住処はなく、それも象の背中に乗らないと行けないというのです。すばらしい将来が待っています。(3)」

一週間後、彼は両親にアッサムでの自分の住所マゼンガ・ゴラガートを知らせた。彼はカルカッタのウィルソン・ホテルに滞在しており、アリックがイギリスからそこにやってきて行動をともにしていた。ジョンは仕事をもっていたが、母親に次のように書いており、あまりその仕事を有難いとは思っていなかった。「目的地まで到着するのに給料二か月分もかかってしまうし、この職がお得な掘り出し物だとは思えません。クールック・ムックで陸にあがり、そこで象が待っているはずです。」ブラマプトラ川からの眺めは退屈だった。「ブラマプトラ川を船で航行していますが、ぬかるみと密林以外何も見えず、話題にするほどの景色ではありません。ペリカンの大群とワニをたくさん見ました。クーリーが二人コレラで死にました。これが死亡記事。」アッサムへの蒸気船は平底の船を曳航しており、そこには茶園で働くクーリーを乗せていた。クーリーたちは行く途中で大勢死んだ。

船はジョンにとってさえ快適ではなかった。船室にはシーツも枕もない担架みたいな寝床しかなく、蚊が多くて、服を着たままデッキで眠らざるを得なかった。船長が前の航行で乗せていった人たちの話をしたが、元気がでる話ではなかった。川岸に彼らをおろしてきたが、だれも迎えにきてはいなかったということだ。三日間そこで食糧もないまま待ち、皆熱を出し、二人死んだ。けれども「最悪なのは、船上に五〇〇人もクーリーがいることで、彼らはノミをもった最も汚い野人で、昨夜ひとりがコレラにかかった。クーリーやら、蚊やら、ノミやらで、これが尽きても私はまったく残念だと思わない。」そしてもう我慢ならないと思ったのは、「船に靴墨がなくて、ブーツをきれいにしてもらえない」ことだった。雇っていた年配の使用人が家族をおいてきていた。「二、三年にわたっての家族の手配を半時間で行うことを想像してみてください。」後の手紙によれば、老人は踵を返して素早く家に帰ったのだった。

ジョンが出発する日、カルカッタのさまざまな営業所をわたりあるいていたアリックも仕事を得た。「若者の茶園への突然の流入はものすごいもので、あらゆる職がふさがった」という覇気を殺ぐ知らせを受けていた。「最初の二日がすんだころ、もう仕事はうんざりだという気になっていたが、べグ・ダンロップ社のダンカン・マクニールが、求人はしていないが、ちょうど熱病がひどくてだれかが病気になったり死んだりするかもしれないからカチャールに送ってやるので運にかけてみたらどうだろうと言った。それで一週間したら出発することになった。年一一六ポンドもらえることになった。」(4)

これは薔薇色の未来というものではなく、彼は、帰ってくるころには何か職の見込みがひょっこり出てきているかもしれないと望んで中国往復のイギリス蒸気船の事務員としての職を考えていた。しかしそのとき、「マクニールはメア商会のダグラスという人が農園で助手を必要としていると言っていたのを思い出し、ダグラスを訪ねて私のことを話してくれた。」

アリックはメア商会の事務所に急ぎ、「年一五〇ポンドという金額は固定給だと思ってくれなくてよい。良い人が欲しいのです」といわれた。三年したら、送り出す茶について手数料をとることができるだろう。彼の任地はジョンのところから川で一日の距離で、カルカッタからは蒸気船で二週間だった。川を遡る旅で一緒だったクーリー三〇〇人は、コレラと天然痘にかかっていた。目的地に到着するまでに五九人が死んだ。「ここではクーリーはおそろしく早く死ぬ」もので、「ここで私が来てから三人死にました。来てからというのはたったの四日です」と彼は船旅の最後に書いた。

船をおりると、アリックはメア商会の支配人、二五歳のマーティン氏と象に迎えられた。船に乗っていた三人のヨーロッパ人は最初の夜地元の連隊のところで過ごし、クーリーたちは川辺で逃げないように見張られていた。翌日、象使いに三日分の服と寝具を与えるように言われ、クーリーたちをささまざまな目的地に差し向ける助けになる馬をもらった。

「クーリーを動かすのは大変な仕事で、行ったり来たりして、まさにアメリカで黒人監督者がするように彼らを押さなければなりませんでした。」すてきな光景ではない。男も女も衛生設備のない船に押し込められて、一週間に二〇人の死体が船から投げ出されるおぞましい旅がおわって見知らぬ土地についてみると、今度は惨めな旅路の果てへと家畜のように追われた。

アリックはかなり心地よい状態で上陸した。

私はこの茶園の支配人であるバートという若者と一緒に住んでいます。この土地には一〇の茶園があります。少し言葉ができるようになるまで（ほんのちょっと覚えれば足りるだろう）、そして植え付けのことがわかるまで（これはとても簡単だ）一緒に住まわせてもらうつもりで、そうしたら私は支配人として茶園に送られるでしょう。二か月前に助手の一人が熱病で死んだのでちょうど今一人必要なのです。バートはロンドン出身のいいやつで、まだ一九歳、身長は六フィート三インチ［約一九〇センチメートル］です。

この二人は「非常に満足していて、とても楽しく人生を謳歌しています」と彼は書いた。既に船の上で熱病を患ったにも関わらず。そして彼が仕事を得たのも前任者が熱病で亡くなったためであったにも関わらず。「船に乗った最初の二日はひどく蚊に悩まされた」と蚊と熱病の間の関係を知らずに彼は書いた。「蚊帳をきちんと張ってくれなかったので、顔も手も足も長いことひどい状態でした。刺されたところをかいてしまうと炎症をおこしてひどくただれてしまい、ここに来た役人の一人は蚊のために腕が膿んで壊疽になり、肩近くから切断しました。私はうまく直ったが、彼奴が刺した手に大きな跡がついています。」

実際的なことでいえば、「ここはぬかるんでブーツが重くなるが、他のものは軽やかで、私たちは白いズボンをはき、シャツとジャケット（襟なし）を着て、ゲートルをつけ大きなブーツをはきます。天気の悪いときには膝上までの長靴《ちょうか》をはいてヒルがブーツのなかにはいってこないようにしなくてはなりませんでした。」天気は実に悪く、「来月には雨季が始まり、間断なく五か月のあいだ雨が降り続いて国中が一フィート（約三〇センチ）くらい水没するし、泥がひどく、またそのときには暑さもひどいもんです。」

カルカッタで雇った使用人は結局現れなかったが、良かったのは、「私のところにはすべてのことをやってくれるとても善良な小柄な人がいることです。彼は給仕をし、服を調え、……タバコを切って、許可すれば私に服をきせてくれようとまでします。黒人の使用人は皆そうしています。」予期しない出来事もあった。「ある日驚きました。二人のクーリーが死んだクーリーの足を持って地面を引きずっているのをみて、何をやるつもりなのかとバートに尋ねました。彼らが密林へと四分の一マイルほど死体をもっていきそこにおいてくるとジャッカルが朝になるまえに始末してくれるのだと彼が言いました。」

四月四日の姉妹への手紙でアリックはクーリーのことをもっと書いた。

私はひとり密林に入って、黒人たちのなかにいる小さな王様のような存在です。女、子どもも数えれば、私は四五〇人の面倒をみています。その多くがひどく奇妙なのです。いつも彼らは病気になり、私は医者になり、赤痢と憂鬱には素晴らしい治療をしてやりました。かれらの脾臓は多かれ少なかれ肥大しています。私は医薬品をたくさん貯蔵しており、薬のレシピももっていて、毎朝多くの人たちにヒマシ油を与えてやらなくてはなりません。私は憂鬱にきくすばらしいレシピをもっており、たくさんの人を治してやりました。赤痢もです。二人は死にましたが、ここでは人は簡単に死ぬもので、あまり死のことを考えません。

彼らは死ぬだけでなく、厄介なしかたで逃亡した。

三日まえ夜中の一時に七人のクーリーが逃亡したという知らせを受けて起こされました。そのときにここにいた管理人が、召使を馬にのらせて駐屯地にやりました。夜に密林から出てきて道路に寝そべっている虎、熊、豹を近づけないために私の銃に弾丸をつめてもたせなくてはなりませんでした。道路といいましたが、むしろ人や動物が歩く小道と言ったほうがいいでしょう。この辺にはたっぷり一〇マイル先の道以外は道路がないからです。四人がつかまり、今朝連行されて、監督者に打ちすえられ、来月は仕事が倍になります。少なくともそのように私は今日言いました。けれども一週間くらいしたら他と同様にさせてやろうと思います。逃亡されると本当に厄介です。

アリックは明らかに厳しい主人ではなく、クーリーたちを不法行為者というよりもいたずらっ子のように扱った。

「ここには教会がありません。駐屯地にはドイツ人の牧師がいるのですが、誰にきいても住民の間に悪影響を広めて害悪になっています。」と姉妹に書いた。アリックについて言えば、彼もまったく成功者とはいえなかった。

医者の役割をするにあたってかなり不運でした。今朝老人と女の子がドアのところに運ばれてきて、二人ともとても病状が悪く、私は効くであろうと思った薬をやりました。しかし、二人とも約一時間後死んでしまい、死体が密林に運ばれていくのを見ました。ジャッカルは今夜ご馳走です。老人はどうでもいいのですが、女の子は茶葉を摘むのがうまかった子です。彼女の父母は上ってくるときに船上で死にました。彼女は移入してきたクーリーでした。

彼はもう少し明るい話題についても書いている。

ここはかなり素敵な場所です。木々は枯れることなくいつも緑で、遠くにはてっぺんまで木に覆われた高い丘陵が見え、そのむこうには晴れた日には世界で最も高いヒマラヤの頂が雪をかぶっているのが見えます。最初に指差して教えてくれたときには、私はあれは雲だと思いました。山というものがこんなに大きくなりうるというのを信じられないでしょう。……いつも周囲を飛んでいる美しい鳥がいて、太陽の光を浴びてとてもきれいにみえる明るい青色の翼をもったカケスや長い緑の尾をもち、赤い嘴をした鮮やかな緑の鸚鵡がたくさんいます。鸚鵡の尾の羽はパイプを掃除するのにいいので、私は二、三撃ったことがあります。

彼の兄ジョンも快活で楽観的だった。彼は住宅をスタブズ氏と共有していて、彼が担当になっている仕分けと梱包をする茶部屋がある小さな「作業場」があった。彼は仕分け方法の改善を既に果たしたと述べた。「私の銃が非常に役に立っていて、この銃の産物にたよって私たちは生きています。

鳩を一一番《つがい》と一羽、それにビフテキ鳥を一羽。」猟番が雉と鹿をもってきて、家は動物の皮と掛け釘として使われる鹿の角でいっぱいだった。

彼はお金も家具も、テーブルクロスもシーツも毛布も持たず、スタブズから皿とやかんを借りた。ものはなくても彼には計画があった。「二、三人の農園主はかなり窮して、現金を得るために私に茶を喜んで売るだろう。」この取引のために彼は「ジョン・グラントの一〇〇〇ポンド」を使うつもりだった。(5) その後計画については二度と言及がない。

ジョンもアリックも二人とも熱病に冒されて、急速に快活さを失った。五月半ばまでにはアリックの病状はかなりひどくなり、そのため奥地の茶園を出た。「ここに臥していたら、道が通れなくなるから搬送してもらうこともできなくなる」ので、既に土地に慣れている農園主が彼の茶園に赴き、彼は駐屯地からわずか九マイルの茶園にかわりました。メア商会カルカッタ役員会会長が「どんな様子か視察にきて、とても満足した様子だった」ので、元気づけられた。このまま順調なら、月一〇〇ルピー（約一二ポンド）が上乗せされるだろう。(6)「すばらしい知り合いができました」と彼は両親を安心させた。

この手紙が両親の気持ちを和ませたとしたら、それに続いて五月二六日付けでジョンからきた手紙は悲しませるものだった。手紙が遅くなったのは、次のような事情だと彼は書いてよこしたのだ。

「今週隣人たち同様にひどいぶり返しがあって、今日はじめて二時間続けて起きていることができました。昨日とても調子が悪くて、夜にはアヘンチンキを約二〇滴飲みました。同僚のスタブズも瘧と熱で床に就いており、腹に激痛もあります。」

さらに憂鬱なことに、彼は依然として一四七二ルピーを会社に借金していた。「そのことが私に重くのしかかり、彼らはお金は問題ではない、私たちに固執するだけだと言うけれどどうやって彼らの鉤爪から逃れたらいいのかわからない。アッサムでももっともしみったれた会社です。ここへやってくる旅費一〇〇〇ルピー、これはまったく前代未聞だし、月二五〇ポンドをもらっている医者も同じ扱いなんてひどいものです。最初は物入りだろうから二〇〇ルピー前払いというのもありましたが、ぺてんだったのです。」苦悩の種は尽きない。カルカッタでのホテル代を支払わなければならず、「医者も馬をもっていないので、病気のときに医者にみてもらいにいくのに馬代を払わなければなりません。今は雨の季節で道がぬかるんでいるので近道はできないからマゼンガはここから九マイル半です。それに馬は、少し出歩くことができるようにするためでもあります……アリックはまったく借金がなくて幸せなやつです。」

彼はアリックを訪ねる計画を立てていたが、「可哀相にスタブズはまだ病気で、明日までによくならなかったら、行くのはやめましょう。とても具合が悪いときに人から九マイルも一〇マイルも離れて一人でとりのこされるのは恐ろしいものだから。それに病気のときに往診に来てくれる医者は週に一度だし。医者に手紙が書けないくらい弱っていたら困るし。一行書けばいつも来てくれるけれど。スタブズは一年一人でいたので、慣れているようなもので、それにいろいろなわけのわからない言葉を知っているので、そこらの人たちに話しかけて時を過ごすことができます。それにひきかえ私は生来社交が好きで（それが足りないのが私の病の一因だと医者が言っていた）、一人にされると病気でなくともすぐに死んでしまうでしょう。

……ひとりにはアッサム語を話し、またひとりにはベンガル語を話し、午前中ずっと頭が渦巻き状態です。まだここに来て二か月半でそのうち五週間は臥せっていたし、もちろんほんの少ししかわからず、自分の言いたいことがやっとわかってもらえる程度です。四月一四日に最初に具合が悪くなり、今日は五月二六日だけれど、はじめのうちはなんとも思いませんでした。私の子ヒョウは、ヒョウというのではないかもしれないが、とても元気で、家の中で私を蹴飛ばし、ついてくる。はじめのうちは咬むしひっかくし恐ろしかったのですが、爪を短く切り、咬むときには、床にまっさかさまにして、意識がなくなるほどにしてやりました。野獣にはこうしなくてはならないのです。茹で鶏みたいな肉もまだ食べず、乳をなめているので、生後一か月にもなっていないと思います。……私のトラが哺乳瓶で乳を飲んでいるのをみたらアティが笑うでしょう。……ひっくりかえらせて、コルクから羽ペンのペン先のようなものがでている哺乳瓶をもちます。この子は勇敢に乳を吸い、乳で太ってきています。哺乳瓶をとりあげてやらないと、自分がお腹いっぱいかどうかあまりわからないらしい。とても利口なやつです。……鉄のように硬いトラの皮がもうできあがっています。」

この子どもの母親は殺されたようだ。トラとヒョウはしばしば混同された。どちらも当時はよくみかける動物だった。アリクイはまれだった。「この動物はとても珍しい。……アルマジロの仲間だ。……スタブズが撃って、すばらしい足置になるだろう。」

これは、病気で自分の扱いを不満に思っていたが、子ヒョウで楽しみを得ることができたジョンの最後の手紙で、両親を心配させたであろうが、アリックからの六月一二日付けの次の手紙はそれ以上に心痛の種だった。

お母さん

もっと早くペンをとらなかったのを許してください。熱が周期的にぶり返してまた床に就いていたのです。でも一日おきに熱がでていて、今日は熱の日のはずだけれど今日熱が出ないのでもう大丈夫だと思います。私の回復を助けてくれたのは長いこと待っていた蒸気船の到着でした。それに乗ってジョンがここにやってきたのですが、なんというひどい変わりよう！　彼はここ六週間ジャングル熱(7)で、毎日午後四時ころに発作的に熱と瘧が襲ってくる恐ろしい状態で毛布にくるまれて横になっています。蒸気船にのせられて九日の旅をしてここにやってきました。ここではできるだけ楽になるようにしていますが、彼が非常に重病であることは誰の目にも明らかです。医者がちょうど帰ったところです。医者によればカルカッタに行かせ、海港行きの船に乗らせるべきだそうです。彼のところの医者は熱が今下がっていなければ望みがないと言っています。これを治す方法は他にありません。それでいいのですが、彼はお金をもっていません。私はカルカッタまで送ってやる費用しか出せません。食べ物代などは払えない。彼にあげられる一〇ポンドくらいを持っていますが、必要な金額を調達するよう努めます。同じ熱病でこの家でたくさんの人が死ぬのを見て来たマーチンでももう彼の体力は衰弱して、燃え尽きるろうそくがふっと消えてしまうようにある夜命が尽きてしまうだろうと言っています。ジョンは雨季を越せないだろうとマーチンははっきり言いました。

アリックは次のように続けた。「残念です。彼の仲間は獣のようにひどいやつらです。居残るとすれば死ぬのは確かなのに彼が去るのを許そうとしなかったのです。こんな悪いしらせを書かねばならずつらいですが、書かざるを得ません。私はもう大丈夫で間もなく密林に戻らねばなりません。手がまだしっかりとしていなくて読みにくい字でごめんなさい。」

こんな手紙をもらってジョンがどうなったのか何ケ月も知らされずにいて、両親の心痛はいかほどであっただろうか。アリックの最後の手紙は一〇月一七日付けであったが、このころ八月に書かれた父親の手紙がちょうど届いたところだった。彼のよき同僚メアが困ったことになっているようであるが、何ヶ月かそのまま続けていくと聞いていた。この良くない見通しにはあまり触れずに、彼はドゥルガ・プージャの大祭のことを描写した。(8)「クーリーたちは自由を与えられたが、作業場を離れてはいけないことになっている。もしどこに行ってもよければ、逃げ去ってしまうでしょう。今余分の人手がないので、クーリーがここを離れるのを禁じました。数日前にラム酒を一ケース届けてもらっていたので、ただで彼らに何本かやりましょう。」

これは酔っ払いの大騒ぎになった。

彼らは私のコックをぶったたこうとしました。コック自身は全くのしらふでしたが、程度の差こそあれ酔っ払った二〇人から三〇人のクーリーたちとやりあっていたのです。すぐに私はとめにはいりましたが、彼らからなかなか逃れられませんでした。皆、額手礼《ぬかてれい》をしたり、罵ったりし始めました。彼らはいつもは私がいうとおりに行動したのに。私はとても良い旦那だったのに。……酔っ払えば酔っ払うほど、深々と敬礼し、さかんにお世辞を言いました。いつも喧嘩があるからブージャの祭は嫌いです。

四月に踊り手や太鼓叩きの一群の人々に支払わなければならないのと同じように、お祝いのために寄附金を出さなければならなかったので彼はそれも嫌だった。

まだ毎日熱も悪寒もありますがあまりひどくはなくなっています。毎日午後に三時間病がやってくるというのはひどく退屈だしそのあと食べられないのもきついので、病がすっかり去ってくれないものかと思っています。悪寒は、雨季の間、湿ったベッドで眠るせいだと思っています。イギリスで外に出しておいたものが朝露にぬれるように、家の中のあらゆるものが雨季には湿ってしまいます。マットレスが、湿っているどころか濡れているベッドに寝たこともしばしばです。私の家には暖炉がない……瘧がそろそろやってくるようなので、書くのはここまでにしておきましょう。

希望をどこかに見出そうとしながら悲観的見解で手紙は終わっている。この最後の手紙に同封されたメモには、アリックが「箱」を楽しみにしていること、「箱をここであけるのは素晴らしいだろう」と書かれている。「ジョンにベンガルボダイジュの余分はないかと尋ねてほしい。私のところでは不足しているので」と付け加えた。(9) これをみると、ジョンはまだ生きていて、おそらくインドの中で別のところに移ったと察知できる。六か月にわたって二人の若者が書いた一四通の手紙は、高温多湿で病に悩まされる孤立の地を見せてくれるが、同時に、動物を狩る楽しみ、驚くべき風景や空間と召使に恵まれた贅沢な生活の楽しみの世界を見せてくれる。

この手紙はまた大農園システムの構造全体をみせてくれる。広い底辺には何千もの「ニガー」がいるピラミッド型の構造であり、この組織は彼らの上にのっかり、彼らに頼っていた。(東インド会社にかわって）イギリス政府が頂点にあり、イギリス政府はアッサムを「所有している」ので、誰でも、といってもほぼヨーロッパ人に限ったが、誰でも欲しい人には土地を与えた。

政府の下には茶会社があり、ロンドンとカルカッタ両方に代理人をおいて、空きがでると若者を空いた職に差し向けた。代理人はインドや中国への航海の手配をし（代金は出さなかった）、小さくてあまり評判の良いとは言えない茶会社に雇われていたようだった。カルカッタで若者が雇われるときには、太っ腹とは言えない会社との間に契約を交わして署名したが、「特典」があることと上司が死んだり早期退職するやらで出世が速くできることがほのめかされた。健康への危険があることは包み隠さなかったが、しばしば早死するというのに、とても少ない給料で人を送り込むにあたって何の呵責もなくかなり残忍だった。

ヨーロッパ人の下には、少数のインド人医師、事務員、店員（金貸しもいた）がいて、クーリーと呼ばれる労働者と管理者の間の立場だった。こういう人たちはすべて移住してきていた。カーネギー兄弟が手紙を書いていた年に四万人が船でやってきて、茶ラッシュの渦中にあって気も狂わんばかりの投資家が開墾させて、突如現れた農園で働くことになった。こういった農園の多くは短期で潰れたが、労働者たちはよりしっかりした事業に回された。彼らは労働する動物のように扱われ、選択権や人としての必要や、欲しいと思ったり愛着をもったりする家庭の安楽を望むという普通の人間的な欲求が欠如したものとして扱われた。

ジョンもアリックも、自分のところの労働者たちを愛しても憎んでもいなかった。労働者が集められ、川を遡ってくる行程や、彼らが住んでいる脆そうな掘っ立て小屋、彼らに供給される水が泥で濁った小川であったり池であったりすること、彼らが食べるためにジャッカルを狩ることなどの状況を一切疑問視しなかっただけである。「彼らは簡単に死ぬ」とまるでこれがニガーの宿命であり遺伝子欠陥であるかのようにジョンは書いている。逃亡したら追跡し、悪行のためとして鞭打ちを行うのが適切であった。このような態度は時を経てもあまり変わらなかった。「クーリー」という呼び方が不適切な名称ということになったときでさえも、労働者は下等民であると農園主は思っていた。

帝国は幸福の樽遊びのようだった。報酬があるものと確信して誰もが宝物を得ようと肘まで手をつっこみ、運が良ければ大当たりをだした。けれども現実は厳しかった。この二人の若者が生きながえて未来を享受することができたのかどうかあやしい。

カーネギー兄弟がインドに到着する以前にも、ロンドンの政府はアッサムの状況について不安をもっており、「アッサムとカチャールへのクーリーの移住を調査する」委員会を立ち上げた。会社、人員募集請負人、蒸気船客、アッサム駐屯の将校らが尋問を受けた。

賃金に関する質問があった。多くの場合、賃金を明示する契約書は存在しなかったが、カチャール公正会社という一社がクーリーに拇印を押させる契約書を作成していた。そこには次のように書かれていた。「賃金は一か月四ルピーであると了承しますが、請負あるいは一定の仕事をすることに同意します。請負で働く場合には追加賃金を期待することができますが、そのためには一生懸命働かなければならないことを了承します。」チョタナーグプルやビハールその他どこの農民であっても、書かれていることを、ましてや英語で書かれていることを「了承したり」、それに「同意したり」できなかったし、監督が設定する「仕事」とは何であるのか理解もしなかった。

労働力確保の仕組みは次のようになっていた。農園主が注文を請負人に送る。人足が集められて農園主に連絡がいく。農園主のカルカッタでの代理人がクーリーが群れをなしている集合場所を訪れ、川を遡上させることについて請負人と同意に至る。茶の生産地帯に到着した人数と航行中に死んだ人数を足して一括払いが行われる。逃亡者については支払わない。逃亡者は請負人が帳簿から抹消するのが普通だった。

委員会はカルカッタの集合場所を訪ねた。「一区画の地面、……一メートル四方もないような小屋、それも作りかけ、というのが唯一の宿泊設備だそうだ。この一区画は小さな溜池の干からびた湖底に似て、周囲の人々が大いに汚していた。見るのも嗅ぐのも、こんなに嫌気をもよおす場所はない。……彼のところで年々病気の犠牲になる人々が多いと聞いていたがそれも不思議はないと感じた。」

「彼」というのは、委員会が到着する前に逃亡した悪名高い請負人のことである。

これに対して、ベナーツ氏というヨーロッパ人がいて、彼のところでは「良質で不足ない小屋」があって、飲み水と洗い水が区別されており「適切な食事と衣服」や住み込みの現地人医者がいた。しかしこういう人は例外的存在だった。クーリー調達人は極悪非道な誘拐者とみなされるようになり、現地のわらべ歌に「いい子にしないとクーリー調達人がやってきてアッサムに連れてかれるぞ」と歌われた。

請負人がクーリーのために川を遡上する旅の間の食糧と衣服、それに監視人を用意した。監視人はクーリーのために用意されていた米を蒸気船の船員に売るという浅ましい行為に及んだ。衣服は（恐らく売り物にならない）暖かいシャツで、暑くて着ていられないような代物だった。誰をも騙す現地人部下のこと、料理人がいないので生の米を食べさせられているクーリーの話、無資格医者、不健康な陸揚げ場（たとえばアッサム会社所有の陸揚げ場は「非常に不健全な場所で、低くて湿っていてミアズマ溜りになっていて雨宿りするところもない」）などについて委員会は論評した。

欠陥だらけだった。ボートの点検なし。請負人は口減らしで食料節約ができて、権利は主張することができるので、死ねば死ぬほど良かった。上陸したクーリーのための食糧のはずだった貯蔵物は船が視界から消えていくとすぐに売られた。クーリーたちを運ぶ平底船は夜、蒸気船に横付けされ、まったく風が通らなかった。

委員会が面接した医者は、医療についてまったくの無知だった。コレラがでたときの隔離は、「曖昧で仮定の限りを尽くしたような類の根拠以外の根拠は何ら持たない」と言うし、原因は「有害な媒体と空気媒体」だと言った。いずれにしてもクーリーは隔離の制限を逃れてどこにでも上陸するのだと彼は主張した。この主張にはいくらか根拠があった。

委員会が尋問したある農園主は、政府が制定したあらゆる新しい法律や規定とは「敢えて意見を異にした。」彼はクーリーたちが憔悴と病の最終段階にあって乗船させられるのを見て、船上では彼とその一団は「死にかけた人々を船から落とすという人道的行為」を実行したと認めた。委員会は改善を求めたが、何の措置もとられなかった。

依然として状況に変わりなく、六年後の別の報告書もこれと同様非難に満ちていた。労働者はたくさんの豚や羊のように「呼び売りで連れまわされて最高額入札者に引き渡され」た。マクナマラ博士という人が集合場所を「感染症の場」であると描写し、クーリーたちはそこを出て行くときに消毒されなければならなかった。そこに来る前にもクーリーたちはほんの数分の休憩が一度しかない七時間にわたる列車の旅を耐えていた。

船上の衛生設備は「舵付近の船側面に二つ以上の箱がついていて、それぞれの中には二席あり、前には窓掛けがついていた」。三週間の旅で多いときは一〇〇〇人のクーリーが使うこのような簡易トイレは、調理室や家畜の囲いの隣にあった。飲み水を携行するようにという指令は「組織的に忘れられ」、クーリーたちは川の水を飲まなければならなかった。

証人が招致された。主要な会社であるベグ・ダンロップ社の一人は、一年間に三隻で一万三八九五人のクーリーを送り、そのうち五八六人が死んだと言った。ウィリアムズという人は、過去四年間で死亡率は上昇しており、請負人が「他の地域にクーリーたちを移動させて利益を上げている」地域では医療調査を行うことを義務とするべきであると言った。別の証人は「クーリーたちを連れてさまよい歩き、なるべく良い価格で処分しようと努めている」勧誘人のことを話した。彼自身が請負人であり、需要は限りないというのは間違いないと言った。「一〇〇〇人欲しいと注文を受けているんですよ。」彼は状況に批判的で、クーリーたちは「運動とかその他のことをするために」毎晩陸に上がることを許されるべきであり、週に二度ラム酒を一オンス与えるべきであるといった。

三人の医者がボートが不潔であることを証言した。それによれば、クーリーたちは夜にはデッキで「用を足し」、これは簡易トイレに手すりがなく、暗くて船から落ちることがあるため驚くにあたらなかった。到着した人々は「毛布がなくてぼろに身を包み、同情すべき対象に見えた」。フォーブズという農園主は最近入れた一〇〇人のクーリーのうちほぼ全員が登ってくる間か到着時に死んだと認めた。「奥地のクーリーは移動は大丈夫だが、茶園に到着するとすぐに病気になる。ダンガー族は旅の間は病にかかるが茶園では大丈夫だ」とまるで茶樹の移動を描写するように委員会に話した。

医師のオルナット博士は「密林の」ダンガー族が不健康で、「子どもたちはデッキでひっきりなしに排便して」おり、女子どもが不潔な習慣を持っていることには嫌気がさすと認めた。上陸することを許されたら逃亡するであろうから、どんなに不潔でも乗船させておくほか手がなかった。船長はもっと親切で、上陸地には小屋があるべきで、旅を生き抜いた者にはラム酒を一杯ふるまうべきだと考えた。

無能と腐敗と残忍をこのようにあげつらったあとで、委員会はいつものように改善すべき点を指摘した。クーリーは四時間までの旅をする特別列車に乗せて送るべきであるとか、請負人を免許制にするとか、クーリーを集める土地の地方行政官が契約書に副署すべきであるとか。クーリーが働き移動する状態にあるかどうか土地の民間医師による検査をするべきであるとか。勿論、不作やコレラの流行のために逼迫した状況にある人しか家を去りたがらなかったので、その健康状態について多くは望めなかった。

クーリーの小集団をみるのは農園主が送った責任ある人物であるべきで、請負人が調達した監視人にひどい目にあわされるようなことがあってはならない。船長はモーリシャスでそうであるように積み荷が死なないようにするのを奨励すべく人頭支払いにするべきだ。請負人ではなくて、蒸気船所有者が食糧を供給すべきだ。コレラにかかった人が使っていた毛布は廃棄すべきだ、などなど。

委員会は農園主についてやや痛烈な論評で締めくくった。「多くが彼らの生活区域のことや衛生状態を考えたことはなく」、カーネギー兄弟その他の管理体制を良いとは思わなかった。カルカッタ医学学校を出て資格のある医師助手を得るのは簡単で、「ヨーロッパ人に普通支払われる金額の半分で十分な報酬」だった。

すべての勧告は実現に費用がかかるものであり、農園主は入ってきた労働者がこの産業にもたらす「負荷」のことを常にこぼしていて、契約労働者募集のシステムは一九一五年にならないと廃止されなかった。

マザウォティ・ティー（ジョン・ブル）広告，1890年

第九章　茶の帝国

イギリス人は決して切られたことのない臍帯をもっており、そこを茶が間断なく流れている。突然の恐怖、悲劇、災害に襲われたイギリス人をみると好奇心をそそられる。脈拍が止まってしまったかのようで、何もできず、動けない。そうなったら「おいしい紅茶一杯」の出番だ。茶が慰めをもたらし、心を落ち着けるのは疑いない。すべての国があんなふうに茶を重視しているのでなくて残念だ。適切なときに「ホッとする紅茶一杯」があったなら、サモワールがあったなら、世界平和会議はもっと円滑に進むであろうに。

（マレーネ・ディートリッヒ『ディートリッヒのＡＢＣ』）

アッサムにおける茶栽培の急成長とインドの労働者に対する生産増の要求は、文明の発達において茶の果たした大きな役割にまで遡らなければ理解できない。中国、日本、そしてアッサムで茶は贅沢品以上のものになった。茶は、大帝国発展の主要原動力となり、帝国の健康と強さは茶がなければ維持できなかったであろうから、茶製造者には並外れた圧力がかかった。一方、茶生産への投資を可能にしたのは、イギリスの例が最も端的に示しているように、富であった。過去一二〇〇年にわたって世界の歴史のなかでも最大の発展のなかの四つは喫茶なしには起こりえず、また茶の生産製造の改善にも喫茶が影響していると論じてもいいだろう。

紀元後七〇〇年くらいの中国で起こった人口の急増、経済的文化的発展は、宋の栄光で頂点を極めるが、納得のいく説明はされていない。(1) はっきりしているのは、政治的統合と技術と交通の改善があったことだ。こういうことは重要だった。しかし経済的政治的効率がいかに改善しようとも、中国でよくある死亡率増加の罠にはまってしまっては元も子もないということは頭においておくのが良いであろう。膨張する都市であろうと町や人口の多い田園であろうと密集して暮らすこの民族が稲を育て生水を飲んでいたとしたら、赤痢などの水媒介感染症を患うことが多くなっていったであろう。身体が衰え人口は減り、大勢の乳幼児が腸炎で死んでいたであろう。唐代に茶が広範囲に広まっていたことは「大きな影響を及ぼしたのだろう。茶を淹れるために水を煮沸することからくる衛生的恩恵は中国の長寿と人口の急増（八世紀前半に四一〇〇万人から五三〇〇万人まで増加）に主要な役割を果たしたと信じられている。(2)」

喫茶が水媒介の病の危険に抗って、歴史上初めて比較的健康な人口を大規模に維持することを可能にしたのかもしれない。さらに、たいへん安価で元気が出るこの飲料は、重労働を助けたのだろう。中国の農耕は、集約的栽培法をしながら機械にも人力以外にもあまり頼らず、重労働を伴うというのは有名な話だ。熱量摂取の少ない食事で二期作を行うのは身体に多大な負担となる。おそらく茶がそのような労働を可能にしたのであろう。中国人が大きな前進を遂げたのと喫茶が一般的になったのはちょうど同じ時期であることを私たちは知っている。このふたつの出来事を、茶の強壮作用と水媒介感染症の危険を低下させることを介して結びつけることは無理ではあるまい。

日本では喫茶の発展は一四世紀から一七世紀にかけての経済的政治的拡張のめざましい時期と重なっている。日本が初めて大陸（韓国）を征服しようと試みたこの時代、人口が急増し、農作は相当な変化の時期を迎えていた。新種の早稲、開拓、農具の発達により生産性が飛躍的に向上した。この集約農耕を開始し継続するのに必要な重労働は多大だった。

茶栽培は人々の労働のしかたに明らかに影響を及ぼした。日本のように耕作に適した土地が限られていて困難を伴う地域では、集約水稲は非常に激しい労働だった。仕事を助ける大型家畜を使うような余地はほとんどなく、いずれにせよ人の労働に依存しており、風力や水力もあまり使われなかった。昔は、育苗、植え付け、雑草取り、収穫、運搬、脱穀といった水稲栽培のほとんどすべての行程が人間の働きを必要とした。いざ米が出来ても、陸路重荷を携えてあるいは奥地から水路輸送をするのにさらなる労力が必要だった。すべてのこうした労働を支えていたのは主に菜食の最小限の食事だった。激しい労働を支える刺激剤となったのが茶だった。

西洋から来たW・E・グリフィスは次のように観察した。(3)

船を漕ぎ、凍てつく霜に歩を進める夜の苦しい労働の後で、一日の仕事をするための身体的基礎をつくる朝食を目の前にするのが楽しみだった。船尾の小さな炉にはどこにでもある釜があって、その横にはごはんがいっぱいの蓋のついた小さな木桶があった。大根と称する巨大ラディッシュの漬物やゆでたものが別のいれものにあった。飲み物は最も安い茶。最初の一品は茶碗一杯の飯と箸一膳だ。二品目は、同じく。三品目はひしゃく一杯の茶。四品目はご飯一杯と大根ふたきれ。五品目、同じく。一杯の茶で食事は終わりで、船をまた漕ぐ。(4)

もう一人、これもアメリカ人のエリザベス・シドモアも同様の茶の用途及び同様の旺盛な活力に注目した。(5)「車夫が働く日々を支える食事は御飯、酢漬魚、沢庵、緑茶という質素なもので、この途方もない労働をするには極めて不十分に思えます。それでも健康な身体の最高に素晴らしいお手本は、外国人なら一週間で病人になってしまうようなプロボクサー並の条件で作られ保たれているのです。(6)」

茶がなければそもそも精巧な体系はうまく回らなかったであろうし、中国や日本を維持している膨大な労働の背後にある身体的精神的運動の効率を達成することは不可能だっただろうと思われる。早稲を開発して二期作、三期作をすることによって可能になった中国と日本の有名な農耕革命は、茶という活力を与える飲料がこの時期になければ不可能だったかもしれない。

茶の導入と普及に伴って、日本は世界で最も都市化が進み、人口密度の高い国となった。一七二〇年までには地球上で最大の人口過密都市が日本に現れた。東京、京都、大阪とその他の都市が占める面積としては小さなところに二〇〇万人以上がいた。江戸（東京）は世界一の都市となり、都市人口の割合が一八世紀半ばまでには地球上でもっとも高くなった。

日本のほとんどは山がちで居住に適していないとみなされていた。本州・四国・九州（北海道にはこの頃植民は始まっていなかった）の耕作可能地域はごく狭く、イギリスの州ひとつ程度の大きさしかなかった。この面積が一八世紀半ばまでに二〇〇〇万人も支えたのだ。平坦で生産力のある低地の小部落、村、大小都市にこの人たちは群れ住んだ。

このような状況からすると、次第に過密化する都市や田園地帯にバクテリアが繁殖し胃腸の病が増えたと思うだろう。実際は、水媒介感染症、特に赤痢による乳幼児死亡率は低かったことを示す証拠が数多くみられる。この驚くべき赤痢の不在の理由としては、衛生面に厳しかったこと、人糞を畑の肥しにする際には注意深く運搬したこと、著しく長い期間授乳が行われて乳幼児がある程度母乳で守られていたことなどが挙げられる。(7)

そしてもう一つ理由をあげるとすれば、茶が誰にでも飲まれていたということであろう。人口五〇万以上の都市ではどんなに注意深くしていても、井戸と放水路に頼り、水が汚染されるものである。

日本では、大人も子どもも煮沸しない水を飲まなかった。子どもは母乳を飲み、母乳には母親が飲んだ茶のおかげで高いレベルの殺菌作用のある物質が含まれていた。大人と、離乳した子どもは茶を飲み、茶は沸かした湯で淹れるものだった。

その結果、日本では概ねアメーバ性赤痢も細菌性赤痢も見られなかった。腸チフスやパラチフスなどその他の感染症も比較的少なかった。コレラについては、一八一七年にインドに発した最初の世界的流行は西日本に及んだのみで、一八三一年の次の世界的流行のときには日本は免れた。一八五〇年に始まった第三波は、その最終年一八五八年になって日本に及んだ。コレラがまたもや流行していた一九世紀末にエドワード・モースは「水は一口も飲んではならん。朝も茶、昼も茶、夜も茶、いつでも茶だ」と書いている。(8) 一八五〇年代にインドでのコレラの席捲を見たサー・エドウイン・アーノルドは、次のように記した。(9)「ひっきりなしに茶を飲む習慣はこういう時期に日本人を大いに助けていると言ってよいだろう。のどがかわいたら、茶を飲みにいく。そこらの井戸の危険から湯は人々を守ってくれる。(10)」

一八世紀、一九世紀イギリスの産業革命期は、茶と経済的政治的権力の結びつきを検証する証拠が豊富な時代である。

資源増加、特に食糧生産に成功すると、人口はほとんど不可避的に増大する。これにより効率を向上させることができる。人は物品とサービスの需要を生み出す。都市で互いに近いところで暮らしていると、その間で物品をやりとりするのは安くすむ。加えて、専門化によってさまざまな製造過程の効率を良くすることができる。それで富が増し、人口がますます増える。

しかし、人口が増加するのに伴って、植物や動物に寄生するべく進化したバクテリア、アメーバ、ウイルスも繁殖する。多くは人間に恩恵をもたらすが、なかには病気や死をもたらすものもある。もともと動物に寄生していた無数のこうしたものが、人間に住みつくようになった。それで、人口がある決定的な水準に達すると、上昇する死亡率が人口増加をとらえるくらいまで病気が流行る。特に、都市の過密は、都市内部での過剰のため都市の膨張が止まるだけではなくて、人口集中都市に移住する田舎人の多くを死滅させるような罹患率を招く。このように人間の文明は、一八世紀末のトマス・マルサスの理論でよく知られているように、袋小路あるいは罠にはまる。死亡率が上がり、経済成長が止まる段階となる。

一四世紀のヨーロッパで起こった例は非常に詳細に記録されている。黒死病のあと、一五世紀後半に大半の国で人口が回復し始め、都市が再び成長し、ルネサンスと初期科学革命期に大きな前進があった。しかし、一七世紀にヨーロッパの大部分は死亡率上昇と経済停滞の「危機」に直面した。病気が席捲して人口及び経済の伸びがとまった。同じように、イスラム文明圏で成長する都市と人口の多い田園地帯でも、腺ペストをはじめとする病気が流行った。

一六五〇年には死亡率の低い世界へ逃れることは無理であるように思われた。しかし、そのときに不可思議で前代未聞のことが起こったに違いないことを我々は知っている。さらに、いつどこでそれが起こったのかということをごく正確に知っている。一八世紀半ばのイギリスだ。まさに水媒介感染症について変化が起こったことまで知っている。

一八世紀半ば、当時指折りの人口統計学者ウィリアム・ブラックが、「赤痢など」がロンドンで減少していると述べた。[11] 別の統計学者ウィリアム・ヒバデンは、死亡率の詳細な分析を行い、赤痢の減少を示した。特に一七三〇年から一七四〇年の減少が顕著だった。[12] 一七九六年「赤痢」を含むいくつかの病気について「その名がロンドンではほとんど知られなくなるほど減少した」と彼は書いた。一九世紀はじめに政治改革者フランシス・プレイスは次のように言っている。「一七世紀後半のロンドンでは赤痢で年間二〇〇〇人が死んでいた。一八世紀に徐々に赤痢は減っていった。今では赤痢は命取りの病としてはほぼ撲滅された。一八二〇年に赤痢で死んだと報告されたのはたった一五人だ。[13]」

この特異な前代未聞の変化をもたらしたのは何であったのか。一つの可能性は、人々の間で病原体に対する耐性あるいは免疫が強まったということだ。これは常に可能性としてあり、減少の理由の一部を説明できるだろう。しかし、このように短期の変化に関して主要な理由になるというのは考えにくい。別の理由を飲料習慣の変化に求めることができる。

茶の飲用と死亡率低下になんらかのつながりがあると推測した人々がその当時にいた。一八世紀半ば、何故死亡率が全般的に落ちているのかという問いについてスコットランドの思想家ケームズ卿は考えた。「ペスト、伝染性熱病、その他の腐敗性疫病がヨーロッパで、特に狭い通り沿いの小さな家々に多くの人が群れ住む大都市で、以前は今よりも多く見られた」と記した。この変化について、主に清潔度があがったこと、より新鮮な肉が手にはいるようになったことと「医者によれば少なからず殺菌剤としての働きがあるという茶と砂糖の消費が大きいこと」も理由であると彼は推察した。(14)

一九世紀はじめ、健康状態の改善がさらに明白になり、その理由はおそらく茶を飲む習慣であると何人かが書物に記している。スコットランド人の医者サー・ギルバート・ブレインは、「茶はイギリス国民にとってすべからく良きものであり、すべての階級である程度酒類にとってかわって、社会に多大な恩恵をもたらしている。……当世風の喫茶はおそらくこの国の住民の長寿に貢献した」と書いた。さらに面白いことに、近代人口調査の基礎を築いた統計学者ジョン・リックマンは一八二七年に次のように記述した。「死亡率低下の原因を示すことはリックマン氏の仕事ではない。もし一八一一年と一八二一年の人口調査についての予備見解以上のことを言うとしたら、これは茶と砂糖の使用が一般的になったことに帰するであろう。(15)」どちらの人物も、よく知られていた消毒効果以外に茶がどんな効果をもつのか証明するような立場にはなかった。そこで、彼らの洞察をもとに、茶の抗菌性に関する私たちの知識を使って考えてみよう。

喫茶習慣は、貧民の栄養レベルの低下と健康増進という一八世紀が経験した矛盾を説明する助けになってくれる。茶はビールに比べて栄養成分上は優れていないが、病気の減少につながった。不健康なほかの飲料、たとえば特に一七二〇年から一七五〇年の時期にロンドンでよく飲まれていた粗末で安価なジンのような飲み物に取って代わるという別の健康上の効果もあった。ロンドンの人口が急速に増えているにも関わらず、ジンの消費は、一七五一年以前には年間六〇〇万から七〇〇万ガロンであったが、一七六〇年から一七九〇年には年間一〇〇万から三〇〇万ガロンに落ち込んだ。(16) この急なジン離れは、安価で刺激性のある、しかも汚染水回避を可能にする代替物の思いがけない到来なしには起こりえなかったと思われる。

さらに、これは茶を飲む人だけに起こったのではなくて、一緒に住んでいる人にも影響した。中国や日本と同様に、イギリスでも普通長くて一年続く授乳の伝統が広くあり、乳児は比較的安全な母乳で育っていた。多くの感染症は汚染された食べ物を介して患うものでありうるが、母乳から子どもに容易に受け渡される茶起源のフェノール類が口の中とお腹の中で働いて、子どもはさらに保護されたのだろう。

一八世紀のイギリスでは、古代中国や中世後期の日本と同様に、新しい飲料が新しい都市文明を担った。人間と寄生微生物の間の闘争は少し人間に味方した。死に至る水及び食べ物媒介の消化器系感染症の広まりは、一連の大いなる偶然で最小化された。公衆衛生と安全な水がヨーロッパの都市に導入されるのは、一九世紀半ばを待たなくてはならず、このころになると茶が必要であることが声高に言われなくなった。そのころになってやっとコーヒー、ワイン、水を飲用とするヨーロッパ大陸の多くが、茶の恩恵なしに都市革命及び産業革命を経験した。

茶が必然的に産業革命を引き起こしたのかというとそうではない。中国人も日本人も茶の健康効果の恩恵を長いこと受けていたが、産業化の兆しはほとんどなく、商業文明の非常に高いレベルに達していた。それに対してイギリスは、風力、水力、動物を使った労力節約となる機械化が先立って、蒸気機関の新たな時代にはいることができた。これは労働人口と活力の著しい上昇を必要とした。広く普及していた茶を飲む習慣という偶然によってこれが促進されたと見るのは難しくない。茶以前には、ビールが一般的飲料で、一七世紀のオランダにもみられるように商業活動による富の高い段階にまで文明を引き上げていた。しかし一七世紀末までには、ビールの生産にイギリスで生産される穀物の半分も使っていた。人口が倍増するときには、急速に増加する人口に十分なだけのビールを作るため、イギリスのすべての穀物とさらに輸入品が必要になったであろう。

農業労働者や他の重労働に携わる人々に、活力を取り戻させるためにビールが大量に与えられた。しかしビールを飲むのには限界がある。強くはないが酔うからだ。短時間なら身体に刺激を与えるが、精神を弛緩させて一時間くらいすると眠くなり時には軽い機能低下につながる。それに対して、茶がもたらす割り増しエネルギーは、ふつう最初に飲んでから数分で始まって、筋肉をより効率的に動かすだけでなくて精神集中と疲労回復を助ける。プラスの効果は最初に飲んでから四十五分くらいを頂点に、一時間から二時間続くので、ビールと違って工場労働者のための理想的飲料となっている。

高速運転の機械を使う労働は技術と集中力を要する。手織りのときには自分のペースで織り、休みをとることができた。一方機械化された織機になると、間断なく常に注意が必要だ。ランカシャーの綿織物工場所有者が大量のビールを支給したり「ビール休憩」をとるように言ったりするなど考えられない。炭坑に、元気をつけるためのビール樽設置というのもあり得ない。産業革命期に見られたように心身ともに限界に達したとき、茶が貴重な裏方だった。一九世紀半ば以来新しい鉄道の駅では、そして少し遅れて蒸気船でも、乗客に茶を売る店ができ、第一次世界大戦時には工場で使う茶器運搬用ワゴンが大いに発達した。

茶は労働者にとって貴重な弛緩薬かつ刺激薬でもあり続け、しばしば大量に飲まれた。バーミンガムのアルミニウム薄板及び箔の大製造社ジェイムズ・ブース社の労働者に一九六〇年代に毎日どれだけの茶を飲むか尋ねたと友人の実業家から聞いたことがある。尋ねられた労働者はマグに一七杯と答え、濃ければ濃いほどよく、いつもミルクと砂糖をいれていると答えた。ここで言うマグは鉄製琺瑯びきで容量は約半パイント（約三〇〇ミリリットル）だった。ということは、彼は茶を一日九パイント近く（約五リットル）飲んでいたということになる。

八〇年後に、フランス人とドイツ人は茶なしで産業革命を迎えたというのは事実であるが、このころまでには状況が変わっていた。ひとつには、初期の先駆的なものよりも、機械がより効率的になり、人間の筋力や細心の注意を以前ほど必要としなかったからである。

一八世紀後半に茶が労働者の新たな食生活の中心になったとき、これは労働需要に呼応していた。一八世紀後半までには労働者は食費の一〇％を茶と砂糖にあてており、一二％を肉に、たったの二・五％をビールに費やしていた。パンとチーズに茶というのが食事の中心だった。白パンは、一ペニーあたり肉や砂糖の二倍の熱量を提供するので、「パンと茶の食事は、収入が限られているとき合理的な選択であった。」[17] 食事に色を添えてくれるこの安価で暖かい日用品がなかったら、肉とビールの価格高騰時に何が起こっていたかわからない。

茶がもたらす効能は、熱量摂取に都合のよい砂糖を加えて飲むことにより大いに増した。イギリスはヨーロッパの主要な砂糖輸入国になっており、これが何百万人もの労働者の活力を高めた。茶の効能は西洋では砂糖の歴史と深く結びついている。甘く熱く、弛緩させ活気付ける「おいしいお茶」は、産業化の核である人間という機械の主原動力となり、これは蒸気が機械にとって重要であったのと同じくらいの重要性をもつものだっただろう。度々報告されたように衣食住すべてが悪化し、貧しい者たちがひどい衛生状態で赤貧洗うがごとき暮らしをしていても、「古きよきイギリスのお茶」は危機を切り抜けるのを助けてくれて、新しい世界が築かれた。

茶貿易及び茶を飲む習慣と大英帝国の拡大急成長の間に関連はあったのだろうか？　茶以前に、イギリスはアメリカ、西インドに植民地をもち、インドと極東に貿易拠点をもっていた。これが安価な茶が流入してくる前夜の一七二〇年の状況である。一五〇年後、イギリスはオセアニア、カナダ、それにアフリカと南アメリカその他の多くの地帯にちらばる植民地と王冠の巨大宝石インドを含む世界史上最大の帝国を支配していた。

茶の需要は商船隊そして英国海軍、商業資本、金融・融資制度に大きな影響を与えた。これはイギリス商業の急速な発展に、なかでも特にアジアとの貿易網支配に作用した。茶は、とりわけヒマラヤ地帯や東南アジアの茶栽培可能な地域に帝国が拡大することを促した。中国に引かれて東へ東南へ、そしてボストン茶会事件のあとは北アメリカの喪失があり、茶が帝国の伸びる方向を決めた。また、茶がこの貿易立国の主要商品となった。

東インド会社への茶の影響は特に重要である。東インド会社は胡椒や香料で始めたかもしれないが、これら商品に関してオランダが覇権を握るのに伴い、軽量で高価な商品である茶に焦点を絞り始めた。茶が最も儲かる商品の座につき、拡大のための利益をあげて、東インド会社がインドを征服・統治して世界で最も強力な勢力のひとつとなるのを助けることになった。東インド会社は「領地取得・貨幣鋳造・要塞防護・軍隊配備・同盟締結・戦争遂行・平和維持・民事刑事法適用などの権限をもち、国家や帝国にとっては強力なライバルだった。[18]」そしてこの権力と富が、還元されてさらに茶の運命を推し進めた。

いくらか逆説的であるが、もしも中国茶貿易がなかったなら、そして東インド会社の富と力がなかったなら、イギリスはインドを征服できなかったであろう。関連はあまり明確でない。なぜなら、東インド会社が一八三三年に茶の独占権を失った後にならないとインドで茶の商業栽培は始まらなかったからだ。

もう一つの間接的関連は、上に述べたように、茶のイギリス産業後援効果にあった。イギリスが産業革命を経て、（ライバル国に対して優位に立たせてくれた）鉄や蒸気により武器や生産技術を発達させていなかったら、帝国はあり得なかったであろうというのは明白だ。大英帝国は産業物品の市場を、始めのうちは特に木綿の市場を、必要とした。農業文明国のままでいたら、帝国の拡張は起こらなかったであろう。というわけで、産業、都市、人口の成長を促す茶の役割は帝国に連動する影響を与えた。帝国は、砂糖、茶、ゴム、その他の物資を産業化された本国に提供した。

帝国と茶と海のつなぎ役については、よく話題になる中国から茶を運ぶ背の高い船の話になる。華麗なるクリッパー船はもともとは一八二〇年代から三〇年代にアメリカの造船会社がつくりだした。一八五〇年代にイギリス人は鉄枠をもつ船を新たに建造し、これがイギリスに茶を持ち帰る競走に参加したのは有名だ。驚くべきティー・クリッパーは発達して、新たな細型船首で波を切って進み、船尾は軽みを帯び、全長に比べて幅の割合が減少して、帆が大いに増えた。

蒸気以前の数十年間にこの新しい船が長距離航行に革命をもたらした。一九世紀はじめのでっぷりした東インド貿易大型帆船と一九世紀半ばの壮麗たる船を比べると大きな違いがわかるであろう。初期の船も後期の船も茶貿易に携わる船は、イギリス艦隊で最も有能な帆船だった。船員たちは徴募されたわけでも強制されたわけでもなく、将校も下等水夫もヨーロッパに商品を持ち帰って販売するための「積荷」割り当てを許されて、航海がもたらす利益配分を受けられるというシステムができていったので、茶運搬船は最良の船乗りを引き付けた。

こうしたクリッパー船は互いに競争を経て改善されて、鉄、木材、帆、人間の能力の許す範囲で可能な限り完璧に近い建造物に達するまでになった。このことは、いずれも同じグラスゴーの造船所が造り、中国から同時に出帆した三隻のクリッパー船の話でわかる。何千マイルにもわたって三隻は離れて航行した。しかし、三隻とも等しく巧みに航行したので、海上での日々の後、イギリス海峡リザード沖に到着したのは互いに一時間と違わなかった。

茶がイギリスの拡大にとって重要であったのは海上においてばかりではない。この巨大で急速に拡張する帝国の侵攻と防備は、大部分がしばしば危険に満ちた生活環境にある少人数のイギリス海軍士官及び民間人に依存していた。キプリングとインド統治の世界がその小さな一団を髣髴とさせる。彼等が世界中の家や邸宅で何を飲んだか。あるいは砂漠や森や山の中で野営するとき何を飲むことが出来たか。その地域の生水を飲んでいたら体調をひどく崩していたであろう。イギリスの人員が集中しているところでは地元の醸造所があったが、概してビールは嵩がありすぎて、熱い気候では不安定になりすぎ、帝国の隅々まで運ぶことはできなかった。一七四〇年代以来本国で茶を飲む習慣を教え込まれた商人、船長、役人は、一七六〇年代から帝国を動かしていた人々であったが、その人たちは茶を飲まなかったか？　もし飲んでいたなら、このことが大きな違いとならないか？

現地人部隊について考えてみてもよい。イギリス人が世界のさまざまな土地で、より大規模な軍隊を打ち負かしながら大砲と兵士とともに行進した時、茶がどんな役割を果たしたか。一九世紀末までには、茶はイギリス・アメリカ陸軍糧食のまさに健康維持の方策上不可欠な品になっていた。ナポレオンが言ったといわれているように「軍隊は胃袋で進軍する」。兵士が比較的体調が良いと感じ、適時に適所にいる能力及び活力と技能をもって戦う能力は、大いに健康に依存する。病気によって弱った陸軍も海軍も競争上の優位点を失い、おそらく負けるだろう。けれども軍隊は、人々が密集して飲食物を求めて地方をあさりまわり、間に合わせの宿に詰め込まれて多くの厳しい重圧にさらされて過ごすものであって、特に赤痢、腸チフス、コレラといった衰弱性胃腸病にかかりやすいのは周知のことだ。また、特に発疹チフスのような寒さと密集に関連する病気にもかかりやすい。

歴史の早い段階では、ヨーロッパの軍隊はワインを飲んで、汚染された水から自分たちを守ろうとした。しかし、ワインは飲みすぎると倦怠と憂鬱を引き起こし、効率を下げる。戦闘直前に一杯ひっかけると戦いの助けになるが、それもほんの数分だけのことだ。さらに、ワインは長い進軍にもっていくには嵩と重さがありすぎるため、飲み尽くしてしまうことや酸敗劣化がありがちだった。そうすると、多くの人が腸の病で倒れた。

ウエリントン公は茶の効用を強力に支持しており、フラクスマンがデザインしウエッジウッドが作成したティーポットをかばんにいれていた。彼はワーテルローで将官たちに、茶が頭を冴えさせ思い違いを払拭すると言った。クリミア戦争では、寒さとぬかるみの恐怖のなか、ガーネット・ウルズリーは「腹をすかせた部下たちに少なくとも茶は十分にあるように手配し」、同じようにカナダのレッド川遠征では兵士たちに茶を配給し、茶の沸かし方、ホット・アイス両方の飲み方を教えた。フローレンス・ナイチンゲールは、野戦病院に押し寄せる意気阻喪した負傷兵への茶の効果を書きとめた。野戦病院では、「イギリス人患者にとって一杯の紅茶に代わるものはまだ発見されていない。」[19]

第一次世界大戦及び第二次世界大戦では軍隊に標準的糧秣として支給され、茶が重要であったことは確かである。茶の刺激作用についてアメリカの神経学教授M・A・スター博士は「〔第一次〕大戦の間、イギリス軍は茶を惜しげもなく支給されて水ではなくて茶を水筒にいれて持ち歩いた」と一九二一年に書きとめた。[20] まさにそのとおりで、アンソニー・バージェス[21]は「茶がなかったらイギリスは戦えなかったであろう」と言っている。[22]

イギリス陸軍軍医総監デ・レンジーは「私が言うことができるのは、長期の行軍で軍隊が非常な困難にさらされるところでは、一杯のアッサム茶は兵士が得ることができるもののなかで最も元気を与えそして活力を維持する飲料のひとつだということだ。(23)」彼はこの見解を世界のいろいろな土地で実行に移した。特に興味深いのは、まさに茶の原産地であるアッサムとビルマの境界地帯でのことだ。一八七九年のナガ丘陵遠征の前に、デ・レンジーは「不潔な水を飲んでいるために病気が蔓延していることを指摘し、彼のインドに関する知識から、丘陵に送られる全軍が毎日茶の支給を受け取るのが良いと勧めた。それによってのどの渇きがいやされるばかりでなく、身体への刺激になり疲労回復にも役立つので貴重なものである。雨水を飲むことは厳禁であるとデ・レンジー博士が言っている」と記録されている。(24)

合衆国陸軍第七歩兵連隊大尉カール・ライヒマンは別の戦地での茶の価値について大いに痛切な観察をしている。(25)

満州で私が目撃した戦争では、茶を飲む習慣をもつふたつの国が戦った。これを見なかった人には彼等が発揮した力がわからないであろう。夏で蒸し暑くて息苦しく、滝のような雨も降って、道は常にぬかるんで行軍は疲労困憊ものだった。大きな戦いで軍隊が来る日も来る日も、そして夜は夜で行軍し戦って、常に戦闘状態にあり、睡眠も食糧もわずかだった。彼らはひどく疲労していたが、決して倒れなかった。茶を淹れて、そして進む。……暑い日の茶一杯ほど渇きを癒すものはなく、腹のすいたのをうまくごまかすことができるものはない。寒さで凍えた身体を一杯の茶ほど即座に温めてくれるものはない。三六時間あるいはそれ以上食糧なしで馬に乗っているときに、体のバランスを一杯の茶ほど回復させてくれるものはない。私が心がけていることは、野営地に着いたらまず水筒に薄い茶を満たすことである。(26)

こうしたものが示しているのは、陸海軍の強靭さに及ぼしていたであろうと思われる影響が、茶の主成分のうちのひとつによるものだということだ。カフェインは、心身に刺激を与えかつ心身をリラックスさせ、自信を増幅させ、それで戦闘員としてより有能にする。カフェインはまたストレスや負傷と戦ってくれる。それで何か事故があったときに多くのイギリス人は、まず甘い紅茶を差し出するいは自分で飲むという反応をする。砂糖もこんなときありがたい。茶に含まれるカフェインは寒さから身を守ってくれる。戦争ではわずかな優位が大きな違いを生むもので、茶を飲む習慣が多くの対戦での形勢を決定する重要な要因だったのかもしれない。

ヒマラヤ辺境に沿って、大平原を抜けて、ビルマに入り、あるいはアフリカを渡り、世界地図が大英帝国の拡がりを示す赤で塗られていったときの成功の秘訣の一つは、兵士たちが比較的健康であったことだ。この兵士たちを導いた将官たちは、自らも茶を飲む習慣をもち、そして茶を飲むことを勧めた。軍勢の胃腸だけでなく筋肉や精神もかなり改善し、どんな競争でもそうだが、戦闘ではここ一番というときの安定した小さな優位が長期的な大きな利につながりうる。ひとつの戦いでの強味が途方もない結果を招くこともある。

茶とイギリス人はほとんど同義語といってもいいくらいになった。東洋からの輸入が始まったごく初期から、ヨーロッパの他のどんな地域よりもイギリスで茶がはるかによく飲まれたということだけを言っているのではない。茶はイギリスが広がっていったところ、大英帝国と結びつくようにもなった。帝国が広まるにつれて、イギリス人は自分たちの言葉、法律、政治制度、競技（クリケット、サッカーその他）、集会組織（クラブ、受託団体など）の社会的慣習を輸出したが、同じように茶も広めた。

第一波では茶は白人植民地の帝国主義的飲料となった。カナダ人やニュー・イングランドの植民者たちが茶を飲んだ。一七七三年のボストン茶会事件でアメリカ人は、茶とイギリスの支配はそれで「一組」であると強調して茶と支配の両方を拒絶した。これは象徴的なレベルでのことで、実際にはアメリカ人は膨大な茶を飲み続けるのであるが、まるでコーヒーしか飲まない国民であるふりをした。

帝国の一部分が閉ざされたとき、他で扉を開けていた。前述したように、（中国と日本を除けば）世界で最も茶を飲んでいるのは長いことオーストラリア人である。彼らは一人当り何とイギリス人よりも多く茶を飲んでいる。ニュージーランドもかなりのところにいる。オーストラリアの最も有名な歌である「ウォルシング・マチルダ」の主な繰り返し部分にあるのは、茶を沸かして運ぶときに使う「ビリカン」と呼ばれるブリキ容器である。

というわけで、初めのうちは大英帝国では茶は白人の飲料だった。しかし、茶産業が一九世紀後半にアッサムとそれに続いてセイロンで発達するにつれて、インド亜大陸で巨大な新市場が立ち現れた。一九五九年までにインドは世界で二番目の茶消費国となった。(27) 消費は急速に拡大し、今ではインドは自国生産の四分の三を国内で消費している。ポルトガル、スペイン、フランスの帝国が自分たちが飲んでいるワインやコーヒーの飲用を広めたのと同じように、大英帝国は茶を広め、そして茶に頼るところが大きかった。一八三九年にジグモンド博士が書いているように、私たちの国家的重要性が密接に茶と結びつき、私たちの現在の偉業と私たちの社会体制の適切さはこの思いがけない根源、茶から生じているということを茶に関する本は示すだろう。私たちの東洋での強力な帝国、海軍の優越、芸術や科学で私たちが先進の立場にあることは、大いに茶に依存しているということ、(28) 勤勉のもとであり、健康増進を助け、国富をもたらし、家庭円満にも貢献するということも示すだろう。

典型的な中国農園

第一〇章　茶製造の工業化

茶がなかったら、大英帝国もイギリスの産業社会も生まれなかったかもしれない。安定した供給がなければイギリスという組織は崩壊するだろう。大いなる期待がアッサムに寄せられた。しかし一八六〇年代になっても状況ははっきりしなかった。一八六七年のアッサム茶産業の破綻は、中国の茶生産を脅かしそれに取って代わろうというイギリスの企てで最悪のときだった。楽観的に始まったが、まったく見込みのない負荷であるように思えた。資本家の信頼は消え去り、需要は落ち込んで、茶労働者たちは群れをなして死んでいた。この状況を打開するためには何か抜本的なことがなされなければならなかった。

方法は、茶園を戸外工場として、できる限りあらゆる生産段階を「産業化」することであり、それによってコストを削減することだった。目的は、科学及び経営技術を他のイギリスの事業で成功をもたらしたように茶生産に適用することだった。茶園が特別なのは、そこで工程を始めから最後まで行うということだった。土地の開墾から、植樹や茶摘、そして最終的に箱詰めの茶となるまですべての段階を受け持った。

茶園は、普通の工場の産業化された生産過程と同じように、資本主義的資金調達、労働組織、機械化を併せ持った。しかしこれを原料から製品に作り上げる（木綿工場にみられるように）ことだけでなく、原料の生産にも適用した。つまり、これは一八世紀イギリスの農業・産業・工場革命をあわせたものだった。それぞれの部署で、人間の労働及び他の動力を用いるにあたり、統制の利いた軍隊的正確さを採用した。

イギリスでは仕事の過程を分断して効率化することにより成功を達成した。特に製造業では小さな部分に分けられ、それぞれの労働者はひとつの作業を専門に行った。画一性、規格化された部品、仕事の階層的分割、訓練されて高度に統制された労働力の適用は、規則正しく時間に従って動き、単調なひとつの動作（それが集まると目的の製品となる）を際限なく繰り返すこと（ベルトコンベヤー作業の先駆である）が可能で、これらすべてが初期イギリス産業主義の課程だった。木綿、コーヒー、そしてとりわけ主なイギリス日用品となった茶といった赤道付近に産する農作物に同じようなやりかたを採用して吉と出るだろうか。イギリス農業の改善から学べることは、こうした改良を経た方法は工場や工場以外のところにも当てはめることができるものであり、動物も農作物も機械による生産物として扱うことができるということである。

もちろん、問題があった。インド茶労働者たちは極めて安い労働力と競争しなくてはならなかったことが一つだ。中国や日本の茶栽培者たちはほとんどただで働いていたが、それでも茶産業が生き延びたのは、生計を立てるための主産物が別にあって、女性や子どもが茶を作っていたからだ。どんな方法がとられようとも、この最小限の労働力対価と競るには生半可でない効率性が必要だった。

この問題は既に一八四八年に認識されており、（本人が主張するところによると）サミュエル・ボールによって解決された。「我々の植民地での茶樹の栽培が成功しないのではないかという議論の顕著な論点は、主に中国での労働力の非常な安さである。我々の植民地では労働力は高く、また製造過程が骨の折れる高価な技術労働であるという間違った想定がある」と彼は指摘した。間違った思い込みであるということを彼は次に示す。インド人は中国人よりもさらに貧しいので彼らの労働はより安い。「そこで、ふたつの国民の必要と、賃金に関する限りでは、茶栽培を成功裏に行うにあたってインドは中国よりも少なからず優利である。」

彼が計算したところでは「状況が最も良かったとして中国人は一般の消費にたえるような良質の茶を一ポンドあたり一〇ペンスから一一ペンスより安くは供給することはできない。現在の我々の商業取引関係からして、おそらく一ポンドあたり一シリング二ペンスから一シリング四ペンスくらいの高値が続くであろう。」一方インドでは「一か月あたり茶取り扱い業者に五ルピー、その下で働くクーリーに三ルピー、それに労働者に三ルピーから四ルピーの賃金が支払われる。それで茶一箱でたった一ルピーだ。」　そこで、「こんなに賃金が低いので、費用を抑えた適切な経営をすれば、茶栽培でアッサムは中国と張り合えるはずである」と彼は信じた。

これが妥当な主張であることはジャワでのオランダ人の成功が物語っている。「ジャワで一八三九年から一八四四年に製造された茶の量は、包装の中身がわかっている限りにおいては年平均二一万八〇〇〇ポンドである。」（オランダでの販売量から。）ボールの調べでは、「茶はジャワから船に積み込まれるときには一ポンドあたり八ペンスで、……ジャワと同様の価格でインドでも生産できないはずはない。実際、中国の生産地で加工梱包が一ポンドあたり七ペンスから八ペンスでできるのならば、労働対価の点からすると、同じ質の茶はインドから一ポンドあたり四ペンスから五ペンスで出せるとみていいだろう。」こう考えるとインドが価格で中国を脅かすのは疑いなかった。イギリスでは普通素材には一二〇％の利幅を見込んでよかったので、茶はイギリスに巨万の富をもたらすということだった。(1)

こういう状況での普通の解決策は機械化することだ。イギリス農業での変化と同じように人間がやっていたことを機械で行うことにすることだ。しかし、茶の植樹や育成それに茶摘は機械化困難なところがあった。手織物や脱穀を機械で再現するのはそれでも十分難しかった。茶生産の初期段階（つまり生の葉を得るまでの工程）を機械化することは今日でも達成されていない。密林を切り開き、急斜面に茶の植樹をし、鍬を入れ、除草し、若芽を摘み（最も手がかかる段階）、集積場所まで茶を運ぶこと、これらはすべて機械化できないことだった。それでもこの初期段階は、中国での無計画なやりかたよりも効率化できるとイギリス人は論じた。

工程は密林開墾から始まり、茶樹及び茶樹を直射日光から守る庇蔭樹《シェイドツリー》を植えることが次に続いた。この時点ですでに細心の注意と「科学」が使われた。茶樹の間隔は正確にどれだけあければよいか、どのような土地が最善か、茶摘がやりやすいのはどんな植え方か、庇蔭樹はどの種類で何本か、どれが最善の種か、苗木にはどんな手入れが必要か、こうしたことすべてを注意深く計画しなくてはならなかった。茶樹を植えたら、剪定の頻度とやりかたや施肥のしかた、病気から茶樹を守るための消毒剤の使い方についてさらに実験と指導があった。最善の方法を調査するためアッサム地方トクライの茶試験場のような試験場が後に作られた。常に改善を求めて不断の実験と応用を行うことは、中国の小農民には無理だったであろう。大規模生産が可能な土地にかなりの投資を行い、その投資に対する利益を最大化する意図が公言され、効率的生産が可能になった。

というわけで、アッサムに茶樹を植える際、中国のような半野生状態に点在させるのでも日本の生垣型でもなく、慎重に組織的に配した。化学と経済植物学の知識を使い、土と殺虫剤について常に実験し、植樹、剪定、乾燥の最善の方法を用いて、これらすべてをほとんど軍隊的規律をもって組み合わせて茶生産を行った。

茶労働者は、テントか兵舎のような小さな小屋が連なるところに集められた。彼らは極めて厳密な時間の規律に従わなければならなかった。産業化したイギリスの炭坑、工場、作業場での組織的労働が先駆となった休息なしの長時間労働を茶労働者に適用した。彼らは周到に工夫され細別された一連の仕事、特に摘採を整然と行うように言いつけられた。工場労働との実質上の差異は、巨大機械の一部でもあり、その機械構造のなかで茶を集める機械でもあった。彼らは巨大機械の一部でもあり、その機械構造のなかで茶を集める機械でもあった。工場労働との実質上の差異は、労働者がある一地点に止まったままになってベルトコンベヤーにのって物がくるくると送られてくるのではなくて、茶樹は動かずに、茶摘人が正確に間隔をとった茶の間を際限なく動き、茶樹から茶樹へ新芽だけ一芯二葉摘んでいくことだった。

灼熱の太陽のもと、摘採者は何時間にもわたって立ったままで適切な葉を摘むという正確を要する仕事に集中した。一九三八年の『デイリー・テレグラフ』特別号の記事にこの過程が載った。「女性は、両手を使って、一日三万枚も摘むことができる。摘む前にそれぞれの芽を注意して調べなければならないことや、茎や粗いものが工場にいきついてはいけないことを考えると、これは賞賛すべき数だ。摘採は約一〇日ごとに行われ、一ポンドの茶を製造するのに三二〇〇枚摘むことが必要だった。」(2) ということは、一九世紀の労働者が一日一〇時間摘んだとして、一時間に三〇〇〇枚あるいは一分間に五〇枚摘まなければならない。

茶樹の間を動いたり、籠から茶葉をあけたりする時間を見越して、脳、腕、背、足、手を調和させて、手を伸ばし、摘採し、入れ物に入れるという一連の動作を毎秒あるいはそれより短い時間に一度、一日何時間も、一週間に六日行わなければならなかった。他の概算では摘採量をもっと多く見積もっている。一九五〇年代に茶の権威C・R・ハーラーは「女性は一日に六〇から八〇ポンドの茶葉を摘むことができ、一本摘んでしまうのに三〇秒から四五秒である」と主張した。(3) 何時間も続けて立ったままで摘採を行う肉体への負荷は言うに及ばず、退屈で知性を要さない活動に費やす人的コストは想像を絶したものだ。これは今日まで続いている。

こうして茶園は集約的育苗園となった。街道も小道も茶樹も仕事場も小さな一部屋しかない家も労働者の体系的に訓練された動きもすべて詳細に統制されていた。この緑の世界は、庇蔭樹を屋根とする拡大工場のようなものだった。

原料である緑の茶葉から最終的な産物としての黒っぽい茶が、火入れを経て箱詰めになる段階には、イギリス人は産業技術をもっと直接的に適用出来た。イギリス人がアッサムの茶園で、そして遅れてセイロン（スリランカ）で製茶を掌握してしまうと、後半の過程に機械を用い始めた。茶は工業製品となった。原料が工場へ送られ、工場では人の介入はごくわずかで、蒸気か水力を使って機械が動き、そして紅茶がたっぷりつまった茶箱ができあがった。アッサムの茶が非常に安い中国の茶よりもさらに安く生産できた理由の一端がこれである。実際に何が起こっていたのかを非凡な発明家ウィリアム・ジャクソン（一八五〇―一九一五）の活動を通して知ることができる。[4]

一八七〇年代初めにウィリアムとジョンのジャクソン兄弟はある茶園を訪問して、ブラマプトラ川を下り、旅の帰途についていた。船が座礁して修理をしている間、二人は周辺の土地を回ってみた。インドで一〇年ほど前から使われていたマーシャル移動式蒸気機関に出会った。ジャクソンはイギリスに帰国し、ブリタニア鉄工所と提携して、そこからマーシャル＆サンズ商会（当時ゲインズバラ在）の広範な茶関連機械事業が発展した。ジャクソンは彼の最初の揉捻機をアッサムのヘレアカ農園に設置した。[5] 既存の着想をもとにしていたが、彼の揉捻機はそれまでのものに比べて格段に効率がよく、間もなくひどく時間のかかる手揉みにとってかわった。彼のたくさんの発明品には、ジャクソン式「交差」「向上」「手の力」揉捻機といったものがあり、いずれも複雑な大型鋳造機械だった。一八七七年彼は「迅速」揉捻機を発明し、これは二〇年間にわたってこの産業を支配した。一八九九年だけでも約二五〇台が売れた。

ジャクソンは初の機械式熱乾燥機を一八八四年に作り、その機械に彼がつけた「ヴィクトリア」「ヴェネチアン」「パラゴン」といった名前は今日でも知られていると聞いている。（二〇〇一年にアッサムの茶農園を私が訪れたときに、ブリタニア鉄工所の機械をまだ使っていた。）こういった機械は、吸い込み送風機を使って熱風が茶葉入れを抜けて上昇するのを促し乾燥工程の迅速化をはかった。一八八七年彼は初の玉解き機を、一八八八年にふるいわけ機を、一八九八年に茶梱包機を登場させた。[6]

マーシャル社は、彼の開発で改良機械を生産し、ほぼすべての茶生産国に輸出した。

ジャクソン式機械が及ぼした影響は茶の生産価格に見ることができる。一八七二年、彼が仕事を始めたころは、生産価格は一ポンドにつき一一ペンスで、中国でのコストとほぼ同じだった。一九一三年までには、発達した機械のおかげで一ポンドにつき三ペンスまでコストを落とせた。一五〇万人くらいの労働者を必要としていた仕事を八〇〇〇の揉捻機が行った。前は一ポンドの茶を乾燥させるために約八ポンドの良質の木を木炭にしなくてはならなかったが、ジャクソン式機械は、どんな木でも草でも廃物でもいいから使うことができ、同じ効果をあげることができた。アッサムの石炭一〇〇グラムほど（四分の一ポンド）で一ポンドの茶を乾燥することができた。ジャクソンはまた、茶葉を乾燥室に入れてすぐに発酵を止めると良質の茶ができ、乾燥の後すぐに茶葉を冷ますのがいいと理解していた。こうすることで葉にエッセンスが保持されて茶の質を良くすることになった。ジャクソンは一九一五年に亡くなり、所有地の半分（二万ポンド。当時としてはかなりの金額）を茶関係の慈善に寄付した。

中国の場合、イギリス船に来るまでの価格の約三分の一を生産地からの輸送代と港の商人を含めた途中の仲介業者への支払いが占めていた。アッサムではこういったコストの大部分を削減する戦略がふたつあった。イギリスの権力で、仲介業者と腐敗を排除した。カルカッタに向かう茶をめぐってだれも買収されてはならず、通行税も税金もとることはできなかった。第二に、無数のクーリーあるいは動物でさえ茶を運ばなくなった。蒸気革命がイギリス人に最低限のコストで茶を輸送するふたつの大きな手段を与えた。ブラマプトラ川を下る蒸気船と、一九世紀末に中央アッサムにやってきて急速に広まった鉄道網だった。

これらすべてがイギリスによるインド・セイロンの政治的軍事的制圧に支えられていた。これは平和的行政と繁栄の基礎である司法の安定をもたらした。また、常に新たな収益性の良い投資先を求めている巨大資本融資によっても支えられていた。これにより、土地、労働、茶樹の新たな結合がもたらされた。これで非常に安価に人が飲みたいだけの茶を全世界に供給するだろう。ということで、機械、労働組織、蒸気、資本がマンチェスターやバーミンガムのような新たな町をブラマプトラ川岸に形成した。この東洋の楽園の緑豊かな心地よい土地が、本国の暗い悪魔的工場の不気味な反映となった。

農園には、軍隊式組織にふさわしく、厳格な上下関係と命令系統があった。茶園経営者とヨーロッパ人助手のもとで、インド人従業員に仕事が分割された。その中で一番上にいるのが管理長で仕事すべての責任をもち、会計を受け持ち、特に現金管理を担当した。農地係はクーリーとともに農園に出て、一日中外での仕事に付き合い、クーリーやサダが割り当てられた仕事を行うように手はずを整えた。
サダというのは平均以上の知性をもっているとみなされたクーリーであり、それぞれ労働者一団を受け持ち、朝には皆を送り出し、それぞれの男、女がどれだけ働いたかを農地係に毎日報告して帳簿に書き入れてもらった。彼らはまた経営者の執務室を訪ねて一日の仕事の報告をし、違反者を告げ、翌日の指令を受けた。イギリス人の筆記人が報告書を担当し、一日中事務所に座っていた。工場には茶及び茶葉室サダがいて、この人の技術と知識に茶の質がかかっていた。

クーリーたちを診るインド人医師がおり、生死の記録をつけるヨーロッパ人がときどきやってきた。門番がいて、長屋を担当し、病気のクーリーがいれば医者に報告し、ものがちょろまかされないように見張っていた。クーリーが出掛けるときには恐らく逃亡防止のためにいつも誰かが任命されてついていった。開墾と交通手段として使う象の世話係がいた。象は細心の注意と大量の（調理していない）米を要する繊細な動物だった。運搬用の去勢牛は夕方に炊いた米を普通の一家以上に与えられた。

農園主手引書には、このような管理及び見張りの組織にも関わらず、経営者と助手はクーリーたちに出し抜かれないように常に警戒していなくてはならないと書いてある。女たちは籠の底の方に重量が増すように他の植物を詰め、男たちは超過手当てをもらうためにゆっくりと刈り込みをやった。子どもだって信用ならなかった。子どもの仕事のひとつは芋虫を集めることであり、一日二〇ポンド分集めるのが仕事だったが、前日の収穫を今日のとして持ってくる者もいた。

債務に縛られながら最小限の賃金をもらって働く労働者が統制を受けて流れ込み、大農園の内的動力となっていた。工場の機械や効率的運搬と統合し、彼らが規格化された質の高い茶を提供した。勝者はイギリス人商人であり、投資家であり、世界の多くの地域で茶を飲む人々だった。その対価を支払っていたのは中国とアッサムの労働者だった。

安価で強力なアッサム茶は中国の輸出市場を破壊した。産業革命が再び勝利をおさめた。今回は、ランカシャーの工場がインドの木綿産業労働者の生計をなぎ倒したようにではなくて、輸出業を脅かし、従って中国人茶労働者の仕事の多くを侵食することによってそれは起こった。中国に関する限りでの数字をみると厳然としている。

二〇世紀初めに出版された『中国事情』の著者であるJ・ダイヤー・ボールが数字を挙げている。「一八五九年にはインド茶貿易は存在しなかった。中国がイギリスに七〇三〇万三六六四ポンドの茶を送っていた。……一八九九年までには中国の数字が一五六七万七八三五ポンドに落ち、インドの数字は膨れ上がり、中国が達成したことのない二億一九一三万六一八五ポンドとなった。(7)」

ふた組の地域に関する数字と報告を見ると、この驚くべき数字が歴然として、これが地方に及ぼした影響がわかってくる。一八八二年に六〇〇〇万ポンドを越える茶が福州《フーチョウ》からイギリスに向けて送られた。これはこの年の福州《フーチョウ》の港からの輸出の七〇パーセント近くを占めた。オーストラリアには一、八〇〇万ポンド（輸出品の二〇パーセント）が送られた。たったの八年後には、これが半分以下になり、二三〇〇万ポンドがイギリスへ、一四〇〇万ポンドがオーストラリアに運ばれた。茶貿易を論じた一九九四年出版の書物でロバート・ガーデラが次のようにある中国人の言ったことを引用している。

茶栽培に頼って生活している人々の数は少なくなかった。山を切り開く者、茶摘みをする者、茶荘を開いて茶を加工梱包する者、茶販売人、茶匠、茶選別者といった人たちだ。一八八一年を過ぎると茶は非常に安くなった。……茶荘を開いた者や茶箱作りが破産し、生産者の多くがもはや茶に頼って生計を立てられなくなった。畑を持つ者は耕作をやり直し、土地をもたない者は生活のために柴刈りをした。苦労して茶を植えた人々がそれによってこんな苦しみを得るとはなんと嘆かわしいことよ。他の農作物を作っている人だけが茶園を継続させることができた。……食糧のない人たちは茶山が荒廃するがままにするしかなかった。手入れをする余裕がなかった。(8)

一八九六年のアモイ税関年次報告には次の記載がある。

年間貿易高は二五年前の二〇〇〇万海関両から、今日では一〇万海関両を下回るようになった。以

前には豊かな生活をしていた栽培者が、茶樹の間にさつまいもを植えつけないとどうにか生きていくことすらできない。(9)

翌年の報告では、

この貿易報告書で我々の貿易重要項目としてアモイの茶が挙がるのもこれが最後となる可能性が大きい。二五年前、六万五八〇〇ピクル（一ピクルは約六〇キログラム）が輸出された。今年は全部で一万二一二七ピクルだ。……以前は輸出の花形だったのに、瀕死の状態にある葉を蘇生させる修復策を提案しても既に手遅れである。

四年後か五年後には、「アモイから茶が消えた。一九〇〇年漢口からは記録にある限り初めて直接ロンドンに向かう船荷がなかった。(10)

既に苦しい生活をしていた何十万もの中国農民や仲介者が、生活の足しになる現金収入を突然失った。小規模栽培者から工場で茶を挽いていた人たち、茶の運搬道で汗を流していた人々、港の労働者や商人など供給を行っていた一連の人々は、失業した。この影響は壊滅的で、広く政治的宗教的騒擾に見舞われた一九世紀末の中国をさらにゆさぶった。

アッサム長官ヘンリー・コトン，1896年

第一一章　労　働

アッサムの成功は中国貿易の崩壊により確かなものになり、アッサム労働者の運命はよくなるはずだった。巨万の利益が上がり、予防的医療や食餌の知識が豊富になり、茶狂の時代の混沌状態から秩序立った世界になっていくにつれて、啓蒙資本主義は労働者が恩恵を得ることを示唆した。市場の「見えざる手」が、すべての人が福運に与るようにしてくれるだろう。やらなくてはならないことは唯一、政府が介入しないようにすることだ。残りは私利に任せておけばよい。何にせよ、健康な労働者の方が効率が高いからだ。

これが一九世紀末に出版され、広く読まれていた茶業教本でエドワード・マネー大佐が説いた哲学だった。

どんな証拠を集めても、どんな調査がなされても、クーリーは茶園で良い扱いを受けているということを示す傾向にある。そうするのも所有者や経営者の利益になるからであり、私利は、政府が考案するどんな動機付けよりもはるかに強力である。「クーリー保護者」の農園訪問が引き起こす介入は、所有者や経営者と部下たちの間に存在するべき（妨害にもかかわらずしばしば存在する）優しい感情をぶちこわす。政府の介入がすべて廃止されれば、茶園につれてこられたクーリーたちは多くの点でより幸せになるだろうと私は躊躇《ためら》いなく思っている。(1)

この「介入」から茶園を守るために、経営組織が設立された。茶に特化したミニ東インド会社のようなものとして一八八八年に設立されたインド茶業組合（ＩＴＡ）がそれである。その機能は、東インド会社と同じように、貿易従事者たちを支え、賃金や労働条件や採用を統制した。アッサムの企業のうち九九パーセントが会員となり、茶園労働環境を改善しようとするほぼあらゆる動きに頑強に反対するにあたってロンドンとカルカッタの各社代表者が連携した。彼らは経営者と政府の間に立って、一九〇一年の委員会によれば「任務に次ぐ任務、法律に次ぐ法律のうんざりする繰り返し。前のより次のはいつも失敗の度が強くなる」と考えた。

組合メンバーが特に激怒したのは一八九六年にヘンリー・コトンがアッサム長官となったときだった。彼は自分でたくさんの茶園を視察し、自分で訪れない農園には定期的に役人を送り込むことを自らの職務の一部と考えた。彼は軍医監キャンベルを使って、新参者を連れてくる船上の各種状況について報告させた。視察官、キャンベルの提案、コトンの最終報告は、「農園視察の件でまったく我慢ならぬ妨害、農園主が直面した困難と心配、組織的いじめとしか呼べないようなもの」を非難する波乱のITA会合へとつながった。コトンは「我々の顔に銃をつきつける」ようなあつかましいやつであるとITA会合で議長が叫び、喝采がなりやまなかった。

ベンガルでの司法部門で輝かしい職歴をもち、独立運動に賛同する『新たなインド』を書いたヘンリー・コトンの名声は、平均的インド人を助けることに深く関与し、多くの同僚が気づきもしない不正を正す人であるというところにあった。彼の憧れの理想は前総督リポン卿だった。(2) 多くの人がこの二人を疑いと不快さと嫌悪までももって見た。

ベンガル人たちは勿論彼らを崇拝した。インドの報道陣がこの感情を次のように表現した。

　インドの人々はこんな真の友を得たことがなく、こんなに私利私欲に囚われない支持者を得たこともなかった。……この地方の教育ある現地人がイギリス人を崇拝することは珍しかったが、彼には心酔した。大部分のイギリス人が現地人の思いあがりを嘲笑った。……コトン氏のこの国の人々への共感はまさに好対照で、珍しい分二倍にも評価された。教育のあるベンガル人の多くはまったく彼の親切な贔屓のおかげで職を得ていた。(3)

彼が休みをとるときには、何百人もの崇拝者が列車に乗る彼を見送った。その際、「彼らはたった一例を除いては他のどんな役人にもみせたことのない尊敬を彼に払った」と『インディアン・ミラー』は報告した。彼の本をめぐり出版界は驚き衝撃を受けた。『シドニー・モーニング・ヘラルド』は、「東インド会社がこの国を統治していた頃と同じようにインドのイギリス人が軽蔑に満ちて横柄であることを聞くにつけ不快である。……人々はイギリスの支配に愛着を持っていない」と報道した。一方、保守系メディアは、政府のおかげでその地位についている人間が革命を説くことの是非を問うた。

こういう人をアッサムの茶園に配置し、農園労働者の賃金、住環境、医療環境、採用状況を視察させたのであるから、見るものほとんどすべてを疑問視し公然と非難する「悪意に満ちた誹謗者」だと彼が評されるのも不思議はなかった。彼の見解は報道され、労働者にも知られていき、「農園主が労働者たちに対して持っている権威を弱めた」。コトンは確かに容赦なく率直だった。「労働条件は言語道断である。クーリーたちは実際には債務奴隷である。……束縛の期間は無限である」と彼は報告書に書いた。

故郷への引き上げを調査し、「たくさんの放浪者が市場をさまよっており、自分の故郷に帰ろうとしてそれがうまくいかずしばしば行き倒れる」という事実に彼は目を向けた。土地と建物を取得して中央経営会をつくり、そこではクーリーたちが家に帰る途中で旅の準備を整え宿泊することができるようにすべきだと提唱した。ＩＴＡは彼らには隠居する土地があると反論したが、「農園を出て行くクーリーたちは、多くの場合たいへん弱っており、また一文無しで、労働と資本を必要とする……

荒地開墾などできる状態ではない」とコトンは述べた。ある政務官によれば、担当する地域でこれをなんとか成し遂げたのはたったの七人のクーリーだけであってコトンの発言を裏付けた。

農園に到着する以前でさえも、多くのことがうまくいっておらず、ＩＴＡが「尋常でない条項」と呼ぶ規制を含むアッサム労働者移住法案が実際に一九〇一年に法律として成立した。(4) ＩＴＡは「この条項が強制されるにあたっての厳重さ」を悲嘆した。クーリーを集めるサダが「絶対的法律証書や馬鹿げた規則に固執しないだろう」と確信して彼らは安堵を得た。

この法律は、契約条件、あるいは契約とは何かということを理解することなしにクーリーが新規採用されることのないようにするものだった。署名の証人となるために新規採用センターに政務官がいるべきであると定めた。政務官とは簡単には連絡がとれず、非常に不必要な手続きであるとＩＴＡは主張していた。雇用主から文書を受け取らなければならないというが、実際には教育を受けていないクーリーは自分の名前さえ書けなかった。中央地域とマドラスの当局がそれぞれの地域での労働者確保を禁じて、ＩＴＡの不満が募った。後にマドラス収税官となるテイラー氏は「丘陵民の新規採用を廃止することを強く求める……この人たちはたいてい無知で、自分の地域からかなり離れてしまうまでどこに連れて行かれるのか全くわかっていない。」

地域を回ってクーリーの状態について報告した二人の医師は、採用センターで予防接種を受けることを義務化し、接種後三六時間休ませるように要求した。センターは医療助手を一人、病院助手を二人、事務員、運搬人、水運搬人、掃除人を雇わなければならず、その賃金は関与する会社が支払わなければならなかった。それぞれにわずかばかりの金額で十分だったが、諸会社がこのような出費を負担すべきとは考えなかったのは驚くにあたらない。

コトンが農園主の怒りを最もかったのは、賃金の問題だった。彼らの否定・言い抜け・真偽とりまぜた陳述を読むと、食住足りて気持ちよく働く労働者を持つということになぜあんなにも抵抗してきたように見えるのか、なぜ七〇年にわたりこれを実現するための多くの方策に反対したのか不思議に思うだろう。問題の一角は、経営者が農園の利益をもとにした年極め歩合を受け取っており、福祉に使った金額は彼らの報酬から差し引かれるということにあった。

彼らの家やクラブは豪勢になっていき、コトン報告の五〇年後の同種の報告でも、労働者はひどい貧血に悩まされ、母親はあまりにもしばしば死亡し、子どもたちは学校に行かずに働いているということが述べられ、不当な状況が連綿と続いていた。

超勤手当ても含めて勤務している男女が受け取った実際の賃金の月間報告を提出するように、コトンはそれぞれの茶園に要求した。賃金のかわりに配給される物の価値も彼は求めた。そして「病院入院費用、医療費、付き添い人費用、住居費、水供給あるいは衛生設備費用は、賃金ではないので含めないように」とした。クーリーは「特典」を得ているというよくある口実はすべて退けられることになっていた。また、逃亡者捕縛への報酬が逃亡者の賃金から引かれるというシステムについては、

「常軌を逸した習慣である」とコトンは呼んだ。

ＩＴＡは「かなり手厳しい言い方だ」と不満を述べ、長官代理に送られるべきこの月間報告は「過大な事務仕事を農園に課すものである」と言った。馬鹿を言うな、「平凡な知性をもった事務員で準備に毎月一時間もかからない」とコトンは言った。コトンは、茶産業が困難な時を迎えているという彼らの不平の訴えも退け、利益が最近少々下降しているのは単に供給過剰のためで、状況は自然と好転するだろうと主張し、これはその通りになった。

茶園労働者は他の労働者の半分しか報酬を受け取っていないというコトンが挙げた数字については、ＩＴＡはこれは臨時雇用の人々であり、普通はもっともらっていると指摘した。それなら出生及び死亡の数は？「自分の土地にいるときにはインドのどんな地域の人たちよりも多産である」のに、なぜ女たちは健康な子どもを生めないか、あるいはまったく子を授からないか。コトンはこれは過労と貧血のためであるとしたが、ＩＴＡはそのせいであるとすることを拒み、これは「クーリー移住者の間で結婚の絆が弱い」のが原因であるという彼等の弁明のなかでも最も脆弱な言い訳をした。一般に比べて二倍にのぼる四三・五パーセントという死亡率については、「健康と安楽」を得るためにはあまりに安すぎる賃金の直接的結果であり、アッサムでの過酷な状況のためにそもそも健康なクーリーがやってこないためであるとコトンは主張した。

ＩＴＡのジョージ・ディクソンは、組合のほかのメンバーとは違っているようだった。組合の会議で彼は死亡率について興味深い一連の数を示した。統計を見て、彼は「七〇〇人程度からなる農園をとってみましょう。母国でふつうの村くらいのものです。七パーセント弱の死亡率で毎週葬式、一年のうち六か月だけに限れば毎週二回の葬式、流行り病があったとして一年のうち四か月くらいのあいだ一日おきに一回の葬式となります。」実際、一八九二年にアッサム農園人口の八分の一以上にあたる五万七〇〇〇人が亡くなった。

このような憂慮すべき数にも関わらず、ＩＴＡは動じなかった。六〇万五〇〇〇人のクーリーからたった二六の不満しか受け取っていないと言ってコトンの批判に対抗した。この議論にコトンや彼の視察官が感心したとはとても思えない。彼の視察官が農園を訪問し、「厄介な」クーリーや逃亡クーリーにつけている厳しい監視を見てきていた。権利や賃金などについて労働者が読める所に貼り紙を出すというコトンのアイディアについては、まったくの無学な労働者のなかで誰がそれを読めるのか教えてもらいたいというのがＩＴＡの言い分だった。

新たなインド総督カーゾン卿が訪問し、一か月につき一ルピー追加の「賃金提案を撤回する見通し」であったので、組合員はなだめられた。総督の机の上にすべての法律が落ち着き、この人は茶貿易を主要な要素とするインドにおけるイギリスの権益の強い擁護者であるように思われた。

ひどい数字が何度も何度も繰り返され、仕組みの無知と無情さが露になった。一八九二年ＩＴＡ代弁者によれば、カルカッタで登録を済ませ、契約履行に伴って六四人のクーリーたちが送られていった。……契約書ではカーストはガージと表記され、通常労働者がかき集められる地域であるサンタール・パルガナの出身だった。七か月後、農場に残っていたのはたったの一六人だった。一二六人が逃げた。一六人が死んだ。不治の身体的欠陥のために六人の契約は無効になった。残っていたのは病気がちで弱弱しい人たちだった。彼らはサンタール民族ではなく、身分が低く身体の弱い北西部からきたクーリーであったことが農園に着いてから発覚した。(5)

一八八九年オリッサからアッサムにキリスト教徒の一行を連れて行った伝道師の手紙からの抜粋をここに示しておくのが公平であろう。(6) ＩＴＡに疑いの目を向ける人々に対して胸を張って答える内容だ。

クーリーの状況は、最低限の金額で暮らし、しばしば非常に困っているオリッサの普通の労働者の大部分よりも良いと思った。クーリーはこの地域の何万もの人々よりも稼いでいるし、良い服を着て、良い物を食べている。住居が提供され、病気のときには医療が施され、病気で働けない間も半給がもらえる。……みんな貯金ができて、牛を購入できる（多くの人が実際買っている）。

……クーリーに課せられる仕事は、普通の健康な身体をもった男女なら苦もなくできるもので、勤勉な者はもっと働いて、賃金を二倍もらう者もいる。部下の者を訪ねるために一時と二時の間に馬に乗ると、私が出会ったのは、自分の割り当てを終えて残りの日を自由に過ごすことが出来るクーリーで、住居に帰る途中だった。……慣れた働き手に比べれば、不慣れな人にはたいへんだが、仕事はきつくないと私のところの人々は一致して言っている。茶摘みをする妻たちは、指定された量を摘むには練習が必要だが、きつくはないと言った。(7)

オリッサは壊滅的な飢饉に見舞われがちなインドでも貧困の度が激しく、ここと比べたらほとんどどこでもましというところだった。何年にもわたって、オリッサの労働者は労働者の中で最も貧血と病気が多いということがわかった。その理由はそこのキリスト教牧師が酒場に行くことを禁じたからで、そうでなければ彼らは酒を飲みにいき、熱量を補給できた。ヘンリー・コトンはこのような酒店に批判的だった。こういった酒店はすべての茶園の門の脇にあって、政府の許可を得てベンガル人が経営していた。クーリーには熱量を、政府には歳入を提供していたかもしれないが、彼らが製造していたのはしばしば混じり物のある非精製酒で、お腹にもこたえるし、食べ物でさえ満足に買えない男女の財布にはさらにこたえた。

というわけで機械化されて、ヘンリー・コトンのような時折現れる善意の人の改善からは、独自の組合によって守られ、繁栄する産業とともに世紀は終焉を迎えた。生産過剰が翌年には是正されて、多少の利益の上下はあるが、もう危機はないだろう。鉄道がゆっくりとであるが国を巡り始めていた。マラリア多発の沼や茂った密林を通って鉄道を建設するためにクーリーを集めてくるのは困難で、それが進行を妨げた。厄介な部族民は軍警察が寄せ付けないようにしていた。アッサム人はいつも彼らだけでかたまって相変わらずだった。茶産業にとっては、永遠に現状維持だという認識をもって安心して、そのまま進めばいいという明るい見通しがあった。

一九一四年から一九一八年の大戦中に、最大の収穫があり、最高の利益を達成した。塹壕にいる部隊が茶を必要とし、彼らは品質にはこだわらなかったので、粗い葉を摘んでも構わず、政府が固定価格で安定した販売を保証した。「入隊した」農園主は少なかったし、地理的にインドまで戦争が及んだわけではないが、多くのインド人が地元の労務隊に入ってさまざまな前線に出て行った。

戦後、すぐに不安定になった。まず一九一九年のインフルエンザ大流行があり、労働者の死亡率をさらに引き上げた。それから物価の急上昇があり、労働者たちの賃金は哀れな戦前のままで、まったく不十分であって、彼らは利益に与ることを求めて落ち着かなくなった。それに、マハトマ・ガンディーと国民議会派がアッサムを訪れて動揺を掻き立てた。

戦争終結の三年後、サディア（ここはガンジーの仲間が訪問した）から極貧クーリーがチャーンドプル（一番近い駅で桟橋もあった）に、農園を後にして列車でも船でも乗せてくれるものに乗って故郷へ帰ろうと、一日二〇〇人の割合でやってきていた。列車や蒸気船に押し寄せる者がいて、残りは情け深いディ氏が建てた一時避難所を使って駅の近くのフットボール場に野営した。ディ氏は医療援助も行った。

労働者たちは農園に送りかえされるのではないかと恐れて駅を出て行くのを怖がり、街の「厄介者」が「ガンディー　偉大な王　万歳」と叫びながら合流すると危険な状況になった。政府もＩＴＡも彼らを助けて「前例をつくり」たくなかった。ついに警察とグルカ兵が出動した。新聞がこの件を取り上げ、ガンディーの右腕がこの現場を訪れて、クーリーたちは切羽詰って飢えていると言った。やがてコレラが流行し、六五人が死んだ。

この事件についてイギリス議会で取り上げられた。ＩＴＡは二アナ（一ペニーにも満たない）の賃上げを申し出て、農園での集会を禁ずる法律に訴えた。他にも報告がある。一九三一年の報告によると、労働者の家に自由に入ってよく「すべきだ」。配分の土地がある「べきだ」。五歳未満の子どもには無料で食べ物が提供され、実行されているかどうか見る福祉官がいる「べきだ」。健康福祉委員会があり、公衆衛生視察官がいて、予防接種官がいる「べきだ」。それでも、アッサムはほとんど変わらなかった。

一九二七年国会議員Ａ・Ａ・パーセルとＪ・ハルズワースがイギリス労働組合協議会代表として

四か月間のインド視察旅行をした。彼らは織物工場、鉄道作業場、土木工事、水力発電所、貯水灌漑設備、印刷所、炭坑、金採掘場、油田、ゴム工場、茶園を訪ねた。帰国後発見したことを発表した。結果は予想がつくものだった。自由主義的報道機関からは驚きと恥辱だという声、その他からは怒りと拒絶だった。

　インド人雇用者のために労働者長屋を建ててはいるが、唾棄すべきものであると彼らは思った。「すべて言葉にならないほど劣悪で、どんなまともな意味においても家と呼ぶことができるものではない。私たちはどこに滞在しようとも労働者区域を訪ねた。そこを見なかったら、そのように邪悪な場所が存在するとは信じなかったであろう。」

　茶園では、家族は暗い部屋をひとつ与えられ、「住むのも、調理も、寝るのも、あらゆる目的に使い、九フィート四方で泥壁と、瓦を置いただけの屋根があった。」正面には小さな空いた場所があって、そこの一角は便所として使われた。居間の唯一の換気口は、屋根瓦の壊れたところだった。この暗くて風通しの悪い場所が子どもも含めて四人から八人の寝食の場だった。

　このころまでにアッサムでは四二万エーカーが茶畑で、四六万三八四七人の終身労働者が雇われていた。パーセルとハルズワースの訪問の年、一九二七年には、束縛システムで雇われたのではないが、四万一一七六人が「輸入された」。その過程は次のように描写された。

多くの新人はたいてい世間知らずで無学であり、茶園では生きていくための苦労はさほどつらいものではないと信じて、何百マイルも離れたところにある村から、茶園に引き寄せられる。しかし、農園に着くと自由が非常に制限される。労働者が農園を出て行くのを妨げる法が廃止されたにも関わらず、労働者が切に望んだとしても仕事をやめるのを非常に困難にする罰則がいまだにいきている。

「インド人労働者が飢えて、ろくな衣服もなく、ひどいところに住んでいることは否定できない」と彼らは書いた。茶園での平均日給は従事者によって六ペンス、五ペンス、あるいは四ペンスだった。「男・女・子どもの労働を合わせて、この三者で一日一シリング二ペンスだ。」その後に、経営者側を本当に怒らせる言明がくる。「男女と子どもの集団がせっせと働き続け、その五ヤード先では若い経営助手が誇り高い様子で鞭を抱え込んでいるのを目撃した。これは、茶園の人々の間に蔓延している自己満足の証拠であると我々はみなしている。」

この国で一五〇年前に始まった搾取資本主義体制を変革するように、アッサム人の学生をたきつけて彼らの旅は終わった。「クーリーの一般的状況は、文明への明確な脅威である」と彼らはガウハーティでの公開集会で大声をあげた。(8)「一五〇年にわたるイギリスの支配の間に三億から四億ポンドが何の見返りもなく流出した。この金額を健康と衛生状態改善のために使ってくれとあなたのご主人さまに要求する時が来ている。組織だ。組織を作れ。世論だ。世論をかきたてよ。」自分たちの裏庭から始めれば良い。茶園については「あそこの状況は奴隷にほど近いものだ」と彼らは言った。[9]

この労働組合協議会報告に最も憤慨した中にインド茶業組合（ＩＴＡ）役員がいた。彼らは侮辱と受け取って、これは事実に反するものであるという反応を送った。送り先は『タイムズ』『モーニング・ポスト』『デイリー・テレグラフ』など一九の主たる新聞社、『ティーアンドコーヒー・トレイド・ジャーナル』[10]のような雑誌、ロイター本社、バーケンヘッド卿、ウィンタトン卿、ラムジー・マクドナルドである。こうした新聞雑誌には好意的なものもあった。反社会主義・反共産主義連合は、彼等が茶産業が親切で思いやりある商売であると描写してあることに最大限の賛同を示した。メディアはそれほど確信をもてなかった。実際、ショックを受けた。「このような状況が一五〇年間のイギリスの支配を経て二〇世紀に存在するというのは、関係するすべての人の深刻な不名誉となるものである。」

第二次世界大戦になると状況は変わり、数年間アッサムは注目の的になった。中国との大駆引きの場だったアッサムからの道は、日本人からの大脱走の場になった。ビルマで敗北して、日本人に追われていたイギリス旅団を助けるためにブルドーザーが露出した岩石を砕き、必死で急いだ。第二の目的としてイギリス人がいなくなって守り手を失い、ビルマ人の怒りから逃げていた何千ものヨーロッパ人、中国人、インド人を救うことだった。

一九四二年二月二日、ビルマのヤンゴンが日本人の手に落ち、インドが次の標的になるであろうことは明らかだった。そして最善の進入路はアッサム経由だった。茶と石油と米が豊かなこの地域はビルマからだと二つの道を通る。山脈を越える道がアッサム側から修繕され始めたとき、日本人は喜んだ。彼らは少々爆撃したが、戦いで最後にとても有益になるであろうものを損なうことは避けた。

日本軍進軍の速さ、明白な標的、チンドウィン川岸で第二のシンガポールの悲劇が起こるのではないかという恐れのためにデリーの戦闘計画者たちはこの東部戦線に電報を送り緊急指令を出した。歴史の本で語られた話としては、労働者たちに農園から立ち去って道を作ること（これは自発的であることが強調された）を許し、自分たちは出来る限り奮闘するというＩＴＡと農園産業側の気高い無私の行動だった。農園主はヒーローで、その妻は憐憫の天使であって、目一杯の元気づける微笑と際限ない何杯もの茶を避難民にふるまった。これがＩＴＡの文書が発覚する前に語られていたことである。その文書は極秘で、ある部分は暗号で書かれており、発表された後、インド省図書館に保管されている。この文書によれば自体はまったく違っていて、次のようなことが記されている。

ヤンゴン（ビルマ）陥落の一か月後の一九四二年三月一日、インド茶業組合議長と委員がデリーでの会議出席を要請された(11)。ここで彼らはマニプルからビルマの町タムへの道を建設するため二万人の労働者を、さらに中国にいるアメリカ人と連絡をとるためにレドからの道に七万五千人を提供するよう命ぜられた。日本人の来襲とモンスーン期到来があるので、これは急ぎの仕事に違いなかった。タムへの道は五月七日までに終えなくてはならなかった。二六〇マイルのラバ道を、トラックと重砲が通る幹線道路に九週間で変えるというものだった。

ＩＴＡの二人がカルカッタに帰ると、電報が飛び、デリー会議の四日後には一〇〇人の労働者を連れた経営者が、後に続く数千人の野営地を準備するためにマニプルの道の出発点であるディマプルに向かう途中だった。労働者は竹と草で作った小屋に住むことになっており、これは数日でできた。一週間後にはディマプルまでのすべての中継地点に、鍬、毛布、二週間分の食糧をもった男たちがひしめいた。

こんなに手近に大隊を徴兵できるとは陸軍はなんと運がいいのだろう。彼らがいなかったらどうしただろうか。このクーリーたちの血と汗がイギリス軍がビルマを逃れるのを助けたと言っていいであろう。ビルマに向かって荷を運び案内役を務めて労働者の命をつなぐ物資を運んだ丘陵民族とクーリーたちのことだ。茶農園主でマニプル道路工事担当連絡将校のＡ・Ｈ・ピルチャが常軌を逸した作業を次のように描写した。(12) 一六四マイル登って道が途絶え、タムへの最後の五〇マイルは、一〇マイルで一〇〇〇フィートの勾配をもち六〇〇〇フィートに聳える不毛な水のない山をかき削らねばならなかった。二万八〇〇〇人の労働者が二〇〇マイルにわたってちらばり、彼らと共に小型馬、去勢牛、ラバが重い足取りで進み、水は瓶にいれてもっていかなければならなかった。仕事は鍬を断崖にいれて、巨石を運び出して行わなければならず、陸軍が言う期限に間に合わせるためにすべて恐ろしい速度で行われた。

また、彼らの進行方向とは反対にビルマ側から避難民が常に流れてきていた。これは陸軍にとっては厄介で、事態を複雑にしていたが、対処できる間は、道路工事労働者を乗せて登っていったトラックで避難民を運んだ。避難民はビルマ人ではなくて、イギリス人、インド人、中国人、あるいはこうした民族の入り混じりで、彼らは単に日本人から逃げているのではなくて、防衛していたイギリス軍がいなくなるや彼らに向けられたビルマ人の怒りから逃げていた。一八八五年のビルマ併合以来、あらゆる富と権力は余所者の手にわたりビルマ人は従属的第二級市民となっていた。

トラックにのせてもらえた幸運な避難民はディマプルの病院で看護され、長官夫人のレイディ・リードから茶とビスケットをもらって元気づけられ、インドのセンターが引き受けた。この人たちは幸運な人たちだった。マニプルの道が五月七日に完成した五日後にウッド司令官は依然として逃げようとしている四万五〇〇〇人に対して道を閉ざしたからだ。その人たちはパン・サン、フコーン谷の別の道、アヘン通商者が使っていた行路に向かわされた(13)。ウッド司令官はＩＴＡに命じてこの道沿いで可能な限り、避難民が食べ物と基本的医療が受けられる地点を設けるようにした。

雨季が近づいていたので、軍司令官が下した決定は尋常でなかった。軍隊は新しい道路を軍隊専用にするために、多くが複数の人種からなる多言語下層民を、マラリア多発の密林や恐ろしいフコーン谷の荒れ狂う川、赤痢の猛威、傷や飢えの犠牲にすることになった。この決定によって四〇〇〇人が死んだが、誰にも非難は向けられず、この件を語る歴史家は何の論評もせずにこの決定を受け入れている。

当時偵察隊員が書いた日記に、こうした人々が直面したおぞましい状況が示されている。「何百ものヒルが潜むぬかるみ道を雨のなか骨の折れる行進をして、避難民は疲れきってやってきて、それから夜の住みかを作らねばならず、あまりにもたくさんのサシチョウバエその他の刺す虫がいても眠れる人がいるとすれば、濡れた毛布に包まって眠った。そして雨の中で火をおこして朝食を作ろうとした。」(14) ぬかるみがあまりにも深くて、転ぶともう這い上がれない者も多かった。天気が良いときには英国空軍が物資を落とし、茶農園付の医師が野営地にたどり着いた者たちのために精一杯のことをした。女、子ども、老人が死に、放置されて、獣に食われるままにしなくてはならなかった。

もう一つ、もっと北に、タイソンが「排他的な倶楽部的ルート」と呼ぶ、ルートというより通り道があった。そこをたどった小隊はどうしようもなく道に迷い、最後はガイルズ・マクレルというカルカッタ商人の象に救助された。彼は大物を狩るためにその付近一帯の広大な土地を借りていた。地元の丘陵民に助けられたものもいた。こういった丘陵民は、荷運び人、橋梁建設者、漁師、地図職人として茶園労働者と同様にインドの安全を守る重要な役割を果たしていた。髄膜炎や事故で彼らは大勢亡くなった。

その間、日本軍は足止めをくらった。一九四二年の雨季だけでなく翌年もである。彼らの到着を待っていたかのように見事に完成したタムの道路を使ってもよかったが、他の道も幅が確保されて山崩れのないように準備が整うのを見ているのを恐らく選んだ。彼らは飛行機を飛ばして爆弾を落とし、アメリカ人やウィンゲイトの突撃部隊のために空港が整備されるのを見張っていた。[15] こういった空港もいずれ自分たちのためになるだろうと見込んでいたのだろう。

一九四二年九月までには、茶園の労働者たちが定期的に長期にわたって必要とされることが明白になり、これには「影の部隊」という名までついて、それぞれの茶園の正確な割り当ても決められた。一〇〇エーカーあたり一〇人を提供するというものだった。彼らの賃金は一二アナから一ルピーに上がり、住居地区も少々改善された。彼らを養う米は、またもや恐ろしい飢饉に見舞われているベンガルから持ってこられた。肉やアイスクリームがアメリカ人のために空輸された。ある種整然としたもの、ある種の落ち着きがもたらされた。農園経営者たちは広大な野菜畑を担当した。

この平和は一九四四年四月に破られた。日本軍がマニプルの両側に近づき、コヒーマを攻撃した。[16] 有名な戦闘があり、空軍の優勢により勝敗が決して、日本は追われる立場となって、そして原爆を落とされることになった。アメリカ人は帰国し、茶園労働者たちも帰った。アッサムに残ったのは、数箇所の飛行場、たくさんの飛行機（DC3輸送機ダコタ）、たくさんのジープ、無数の混血の子どもたちだった。強烈な印象を残した戦争の日々を農園主の妻たちは長いこと忘れず胸をいためた。

ウエイヴェル司令官は、最終的勝利への素晴らしい滅私の貢献をもってＩＴＡと茶園に賛辞を送った多くの人のなかの一人だった。ＩＴＡの秘密文書によれば、彼らの行動を決したのは最初から無私の愛国心というよりも必要に迫られてのことだった。一九四四年の回状に載せられている。彼らは陸軍やその調査官にのべつまくなし徴兵されることから茶業を守るために労働力を提供した。請負人がより高い賃金をかざして農園から人を掠め取っていこうとしており、この常に生ずる長期欠勤から彼らは何も得ていなかった。彼らは極秘文書で「どんなことがあっても偉大な産業がその役割を変えられて屈辱的経験をするという可能性を避けなければならない」という自分たちの見解を回覧した。もっと簡単に言えば、利己的動機から戦争協力に不熱心であると見られるような烙印を避けなければならなかった。

実際、最初から茶産業は戦争によって得することは明らかだった。イギリス政府が替わりに農園に連れてこられる人たちの費用を支払うことになっていた。収穫損失申告用紙に記入した。危機の年であった一九四二年には記録上最大の四億七千万ポンドの茶が収穫されたというのに。二千万杯の茶が軍隊の間を回る運搬車で販売された。一九四五年までに利益は二〇〇パーセントになった。時がたつにつれて苦々しい思いが募り、補償に関してぶつぶつ文句をいう通信文もあった。道路建設で六八八四人の茶農園労働者が亡くなったことは「満足すべき低い」数字であるということだ。農園経営者は一人亡くなった。

戦争が終わり、勲章が手渡されるとき、実は誰が戦って勝った戦争だったのかということを誰も考えなかったのか？　茶園労働者、ナガ族、アボール族、カシー族、ミシュミ族その他は胸にＭＢＥ勲章をぶら下げていないのは何故か。道路建設とコヒーマの戦闘で軍隊に物資を供給した彼らと彼らの労働がもしなかったら、日本軍がインドに侵攻していたであろう。

日本の脅威に対処するほかに、その三年半で茶産業にはやることがあった。ＩＴＡは政府から、中央政府が賃金固定制度を設定するということを定めたインド茶制御法が提案されることを一九四三年一月に知らされた。これには強い反対があり、政府は説得に応じて法案の延期を決めたが、即座に調査を始めることが決まった。また調査、そしてまた報告だ。

ビルマとの国境が封鎖されて以来の物価上昇と米不足で、農園に残った労働者は厳しい状況にあった。仕事を余分にもらい、余計に割引米をもらうことはあっても、決して労賃は上がらなかった。シュルマ谷では衣服手当ても与えられていたが、ＩＴＡのアッサム支局はこれさえも認めなかった。ストライキにあたって労働者に対する就業拒否には四日の予告期間をもうけること、そしてストライキ不参加の労働者に賃金を与えることという訓令にアッサム支局は抵抗した。労働組合の承認強制に対しても声を大にして反対した。労働紛争法は茶園労働者には適用されないと彼らは言い、「大農園労働者を特に指定して法令対象からはずす」ように圧力をかけた。

茶園であるいは他のどこででも集会を禁じていたので、インド防衛法が茶産業にとってはとても有益だった。政府機関のリージ氏が新たな調査団を率いることを要請され、一九四四年の報告は農園での包囲に近いような状態が明らかにされた。「大農園の労働者はまったく組織化されておらず無力であり、農園主は極めてよく組織され強力である」と新しくもないことを彼は書いた。

リージにとって調査は困難だった。ＩＴＡがそのような訪問は労働者を不安定にすると言ったからである。労働者の家に入ることが出来るのは親戚のみであり、宗教的集会あるいは親睦会的なもののみが許された。農園主は、農園は私的財産であり人を寄せ付けない権利があると言った。その結果、リージによれば、「無学の人々が自分の故郷から遠く離れて、アッサム中に散らばった居住地に住み、事実上外部の影響から切り離されて、組織をもたず自衛することもできない。その一方で、雇用主は国の中でも最も強力でよく組織された組合を形成している。」

二年ごとに訪れる調査官は、「労働者だけと話すことはほとんどできず、つまり経営者や監督者がいないことはなく、必要な情報は経営者その人から得るということになった。」低賃金は無料の住宅といった特典で埋め合わされているという訴えを彼は退けた。「労働者に提供されている家は、たいてい割った竹で作った壁と草葺屋根という構造で、……このような小屋の月貸価値はほとんどない。」それなら無料の医療は？「警官やインド人兵が、薬や医者や病院に費やされている金銭を自分の給料の一部と見なしていると（思えるものなら）思うのと同じ程度に有難いものだった。」

「彼らの家は極貧を絵に描いたようなものだ」と入ることができた数少ない家についてリージは言

った。女性はまったく装身具をつけておらず、全く何も蓄えがないことをはっきり示す。ＩＴＡによれば、学校が足りないのは、「働かせたい両親の無関心」のためだった。福祉活動はなく、年金もなかった。家畜が踏みつける蓋なしの水路は、「ひどく汚染されて危険な」給水につながった。いわゆる病院は、鉄か木の簡易ベッドがいくつかある「とても行きたくない」ところだった。リージは報告して変革を促したが、二年後にインド医療協会のロイド・ジョーンズ大佐がみたときにもまったく何も変わっていなかった。実際、すべての労働者は貧血で、死亡率は高く、字を知らないことは当然のことと思われていた。

このような紛れもない力の不均衡状態においては、利己主義の「みえざる手」はこの程度に働くものでしかなかった。経営者はできる限り都合のいいようにし、無学の労働者は組織をもたず、多くは家から離れて、解雇されたら貧窮することを常に意識して、ほとんど交渉する力をもたなかった。

第Ⅲ部　身体化／深みをもって

農園で働く女たち，1990年ころ

第一二章　今日の茶

アッサムにおける茶についてこれまでの章では、非常に否定的な図が描かれた。否定的側面についてさらに証拠を探すとすれば、ピヤ・チャタジーが一九九〇年代の茶労働を題材にして最近出版したものがある。(1) チャタジーは、アメリカ人文化人類学者で、数シーズンの間ドアーズで働いた。この本が描くのは、過去の軽視と傲慢と攻撃的態度と、現在に至る服従の記録である。チャタジーによれば、女性労働者たちは、過労の連続で、常に薄給に甘んじ、性的いやがらせやいじめを受けることもある。彼女は摘み取り期に労働者の後について農園に出て行った。女たちは、家族のために米と野菜と豆を調理し、最初のサイレンが六時に鳴ったら家を出る。数時間摘み取り、一一時になると二マイル離れた秤量所まで摘み取った葉を入れた袋をもって歩いていく。「多いときには、茶葉の重みで小さな折れ曲がった体がつぶされてしまうこともある。」普通の摘み手で五四キロを運ぶ。中には一〇〇キロを運ぶ者もいる。

重さを量ったら休憩をとるが、その後さらに四、五時間働く。この過酷な労働に対して、彼女たちが得る報酬は、一日三二ルピーから四〇ルピー、イギリスでいえば六〇ペンスくらい、ドルにすれば一ドルくらいのものである。最も良いときの有能な女性でもせいぜいこの二倍余しか稼げない。ポスターやパッケージで微笑みかける魅力的な女性は、この疲労しきって、しばしば身重の、栄養失調の現実とは似ても似つかない。チャタジーは、農園にある学校での教育は「ひどい」もので、読み書きもできないのが普通のことであると述べる。子どもたちは、就労可能な年齢になるとすぐに働き出す。年齢をみるために子どもたちの歯を農園長が調べるのは、まるで馬を扱うようである。これが一九九〇年のドアーズであり、近くのアッサムでも似たような状況だろう。他の茶園では、性的いやがらせがもっとひどくて、さらに悪い状況にあるかもしれない。たとえば、東アフリカでは、農園に新たにやってきた女の子に対して組織的にレイプが行われ、そしてＨＩＶ感染、エイズの蔓延が起こっているという噂がある。

私たちが今まであまり聞いてこなかったのは、もう一方からの見解である。農園主やその関係者の弁護や、莫大な富と大農園システムを正当化する声を私たちは聞いていない。後知恵がはたらいて、一八六八年以降一〇〇年が経って茶がおかれた世界の状況を忘れる危険がある。だから、一九六六年にアイリスが去ってからアッサムに何が起こったのかということについてよく聞いてみることが重要なのだ。一九六六年以降、茶やアッサムはどんなふうに変わったのか。茶に携わったイギリス人のことを、それを引き継いだインド人たちはどのように思っているのか。[2]

イギリスでは、スモ・ダス氏が茶に関わったときのことを述べている。[3] 彼は、一九五一年にボンベイで生まれ、一九七二年に茶産業に関与し始めた。イギリス人にかわって新たに茶農園主となった教養ある（ドゥーン校出身）人々のなかのひとりで、カルカッタで「行商人」として働き、茶農園で臨時の副農園長として一九七五年から二年間を過ごした。[4] 一九八一年にはインドからイギリスに渡り、経営コンサルタントをしている。

ダス氏が一九七五年にアッサムで副農園長となったときには、カルカッタには依然としてイギリス高官やイギリス人農園主が残っていた。イギリス人が依然として管理職を押さえていて、ダス氏の上司もイギリス人だった。通貨切り下げ後の大規模な出国が一九七〇年代の初めにあったが、その後一〇年ほどは農園主として残った人々がいたのである。去っていった人々の幻影は随所にあり、その多くが「昔ここにいた誰某が」の類の話だった。どんな「幻影」を残していったのか？　冷酷な帝国主義者の怪物か、あるいは変人奇人のイギリス人か。

フン族のアッチラのように残虐な冷血漢というよりも、変人イギリス人に近い。たいていの話は、もう風景の一部になっていた人々についてのものだった。彼らにとってインドは自分の故郷のようなものだった。彼らは、イギリスに帰ると不幸だった。最善を尽くしていたので、私が話をきいた茶園の雇用人たちは、本当に彼らを尊敬していた。聞いた話であるが、私の実際の上司であるかのように「ジョーンズ」さんのことを話すことができる。彼は茶に関わって三〇年だった。その農園の人々の多くが、今話をききにいってもそうだと思うが、優しい気持ちで過去を振り返るであろうし、彼らのもとにあったことを良かったと思っている。カルカッタであろうが、茶園であろうが、イギリス人がこのように好かれた主な理由は公平さであり、正当に扱われていると感じることができたためであろう。実際、悪いやつらは、たいてい盗みをはたらいたり、茶を密輸したりしたやつらで、本当に悪党だった。興味深いことに、人々の虐待を語る悲惨な話はなかった。イギリス人上司とインド人上司の間の過渡期を過ごした人々にとって、イギリス人上司をもつことの方が好まれた。このことを私は一人のインド人として述べている。家庭内で働く使用人も同じことで、できるならインド人のために働くことは避けようとしている人たちを今日に至っても知っている。良い扱いを受けている、正当な扱いを受けていると感じるのが理由だ。

イギリス人の後釜にすわったインド人の多くが、ただ肌の色が変わっただけで、私もその一人であると言われるが、特にそれを侮辱であるとは思わない。褐色の旦那たちは、厳しくもあるが公平なしかたで人々の面倒をみるのを継承したのだろう。そういうわけで、悲惨な話はほとんどない。茶業で不愉快な人がいるとしたら、その多くが、不思議なことに、故国を去ってきた人々ではなかった。これはある意味で驚くべきことである。なぜなら、茶業に関わるようになったのは、犯罪者や、経済上の理由からの移民などであったりして、イギリスを離れる理由があった人々もいたであろうから。しかし、それにも関わらず、そういう人々は、変わっていたとしても、非人間的であるとか残忍であるとかそういったことはほとんどなかった。エピソードをたくさんは思い出せない。例をみつけるためにはわざわざ探さなくてはならないくらいだ。イギリス人はリーダーシップを提供した。そこに留まった人々が残った理由は、仕事に長けていたからである。

距離感については、ダス氏はイギリス人がよそよそしいのは本当だと思っている。

私が行ったときには、それほどでもなくなっていたが。茶の文脈では、確かに現地人との間に仲間意識があったが、それは密かにもつ仲間意識で、壁が歴然としてあり、彼らの防御機構なのだと思うが、彼らは壁の向こう側にいた。子どもたちは、イギリスの学校にやられた。おそらく染まってしまわないようにであろう。前には、カルカッタでこういうのをみたことがあった。カルカッタのスイミング・クラブは、一九五〇年代半ばの社会主義政府成立のときまで、インド人を入れなかった。しかし、アッサムでは、溝はそれほどあからさまではなかった。

実際のところ、カーストと同様に階級に関わることであった。ここには大きな階級問題がある。特定の「階級」出身の有色人種は、自分よりも下層階級だと考えられる人々（イギリス人であったとしても）よりも、身分上同じ背景をもったイギリス人と多くを共有する。

同じヨーロッパ人でも、中流上層階級の大旦那と、まったく違う階級出身の茶農園主との間には、同じ中流階級で異なる人種の二者の間よりもおそらく大きな隔たりがある。

茶に関与した人々の多くは、生きていくためにインドに渡ったものと思われる。彼らは、経済的理由からの移住民だったにちがいない。今日の逆だったようだ。私が知る限り、イギリスは、国内の人々を雇用するだけの十分な富をもたなかったので、生活を成り立たせるために世界中に散らなければならなかった。ありがちなことだ。

イギリス人が、経済的理由から渡ったというのは確かで、出来る限り節約して出来る限りためこんだ。彼らはあまり多くを使わなかった、というのはなまぬるい言い方で、少々けちだった。恐ろしく気前のいいのもいた。この段階ではポロの試合などはなかったが、大いに飲んでいた。彼らはよく働きよく遊んだ。どんなに仕事がきついかということを知って驚いたものだ。行商人だった私たちはほとんどきかされていなかった。短い訪問にいったときに見たものはクラブだった。けれども、そこに行ってみれば、その人たちがかなりきつい仕事をしなくてはならないことがわかる。

夫人たちについては、有名な奥様たちもいた。でも多くの奥さんたちは、お母さん的、そんなところで、とても厳しい人もいればそうでない人も。私の奥様はとても優しい人だった。家の召使たちから聞いてみるといい。何故知っているかといえば、そのなかの一人が私たちのところに来たからだ。だから、家の中で働くことがどんな具合か知っている。問題があるときには彼女のところにいったものだ。よくわかってくれる人だと思っていた。それでとてもいい思い出がある。私が到着したときはイギリス人が多かったが、私が茶に関わっているうちに変化した。

一連のインタビュー第二弾は、二〇〇一年一一月に茶の研究のためにアッサムとカルカッタを短期間訪問したときのものである。アッサムの茶園には約一五〇〇人の常勤労働者と五〇〇人の臨時職員がいる。

七〇〇世帯、労働者家族を含めて六〇〇〇人がそこにいる。この農園は一九世紀末につくられたもので、「バンガロー」は宮殿のようで、広大な手入れの行き届いた庭があり、テニスコートもあった。二階のベランダからは驚いたことに茶樹は見えなかった。工場は一九二六年に建てられ、今日でも使われている石炭使用の乾燥機が据えつけられたのもそのころだ。屋号は「ブリタニア」である。

経営者とその妻、シンガ夫妻が昔のことを語った。夫人は「人によってちがうのです。こんな巨大な住宅に住んで非常識だと人々は思っています。距離を保ってイギリス人奥様のように振舞う人もいます。私が会った数人はとても良い人でした。たくさんは思い出さないけれど。ものやわらかで思いやりのある淑女です」と言った。シンガ氏が続けて言った。「状況が変わったとき、彼らはいつもに比べても優しく振舞い、人のためになるように忠告してくれました。今ではそんなことはありません。今では人は忠告もしないし、忠告を受け入れようともしません。」

「旦那様との間に私には幸せな思い出があります。そういう相互関係をもっている人は少ないのです」とシンガ氏は語ってくれた。

人々は間違った概念をもっています。論評する人は旦那様たちに会ったことがない人たちです。巨大な住居と使用人を持っているので、私たちが普通の人にとっては近づき難いものという間違った考えがあります。イギリス人茶農園主は他の人たちと関係をもつ暇がありませんでしたし、だれが相互関係をもつことができたと言うのです？　ごく限られた人たちでした。地方行政の上層部は皆イギリス人でした。

茶業に入ったインド人は陸軍にいたか特権階級の背景をもっていた人たちで、こういう生活を子ども時代にも見てきています。農園主を選ぶときの基準は家系であったり気まぐれだったりしました。よく遊び、よく働いて、目一杯生を楽しむのです。イギリス人が当時やっていたのがそれで、私たちもそうするようにといわれました。

当時はつらい仕事があって、しばしば惨めな気持ちで怒りもありましたが、何をすることもほとんどできませんでした。でも冷静に対処しました。茶業の困難に耐えることを自分に教えることは個人的動機ではできませんでした。茶業では優しくはしていられません。ある人たちに対してとても厳格に見えた女性たちも含めて、古い世代がこのことを教えてくれました。軽蔑していたというのは本当ではありません。茶の仕事を今でもしている高齢の人たちが昔日のとても幸福な思い出をもっていることは確かです。

公平だったのです。だから厳格なのも良かった。偏った扱いは決してありませんでした。残忍でもありませんでした。イギリス人が怖かったときのことを労働者は口にしますけどね。その場で罰せられましたから。当局の調査に委ねるのではなく。当時地方政府機関は全面的に茶園を支持していました。農園経営が公平さをもとに動いていたからです。自分の決定には自分で責任をとっていました。不正に扱ってやろうという意図をもって行われた行動はありませんでした。間違いを犯したことはあったでしょうが、悪い動機をもって行われたのではありません。実際、経営側と労働者側の関わりは今日よりもずっと親密でした。今日の若者は下で働く人たちとあれほど親密ではありません。以前は労働者が何を考えているのかわかっていました。今は、仕事と時間に圧迫されています。昔は週に二度クラブに出掛けていって、存分に楽しみました。他に娯楽もなかったので、残りの時間は労働者と関わって過ごしました。労働者のことがよくわかるようになりましたよ。

私たちはカルカッタでも何日か過ごし、茶の競売会社を訪ねて、試飲や取引を見た。カルカッタの茶競売会社の最高幹部であるグプタ氏と話した。彼は一九六三年にアッサムの茶会社に就職し、一九九七年までそこで勤めた。「イギリス人は何も恥じることはありません。イギリス人はたいへん公平でした。彼等が道路をつくり、鉄道をつくりました。どこも密林だったのに」と彼は述べた。

イギリス人の商売や経営の能力については、「とても良い経営者でした。何もないところから良いものを作り出しました」と彼は言った。「農園主が地域の文化に興味がなかったのは事実です」と同感を示し、地域の先生から言葉を学ぼうとして、優れて偉大な奥様はそんなことはしないものだと言われた奥さんの例を挙げた。土地の文化と人々に関わらないようにという圧力は例の大反乱の時に遡ると彼は考えた。「それ以前はよく交流していました。それ以後は一線を画していなくてはならなくなりました。イギリス人は本当によそよそしくなった。」彼のイギリス人上司との関係は明らかに暖かいものだった。彼は今でも彼の「最初の大いなる旦那様と二番目の大いなる旦那様」をスコットランドに時折訪ねる。

今日の経営者の生活については、イギリス人が去っていったとき以来大きな衰退があったと誰もが同意した。シンガ夫妻によれば、

経営者の生活水準は上がるはずでしたが明らかに下がっています。その間、労働者にとっては

明らかにあがりました。クラブは悪化しました。テレビなどのために交流が少なくなって。危険と不安定の度が増しています。夜は出歩きたくありません。楽しいときは去ってしまいました。若い世代は子どもを手放しません。家族の生活が強いものになりました。子どもたちが側にいて、母親も家族も根をおろしています。イギリスのインド支配時代の過去には、子どもたちは学校にやらされたものです。状況は変わりました。大いに孤立しています。人々は現実主義者になり、未来のことを考えて貯蓄したりします。これは茶業の生活の魅力を奪うことです。過去には、一時の勢いで何でもやっていました。今度の週末に何をするかくらいが計画といえば最大の計画でした。

今は仕事の重圧が増しています。今日では茶農園主は労働管理に時間の六割を使っています。書類仕事が膨大になっています（次から次へと政府の様式に記入するとか）。それに、地元の男の子たちが茶の仕事に就くので地元の付き合いがあって、そのためにクラブは衰退しました。以前は遠くからきていたのでクラブの必要があったのです。

経営者の仕事のペースがまったく変わってしまったことについてダス氏は特に一つ付け加え、上手く説明してくれた。

三〇年、四〇年前には茶樹の剪定をかなり思い切ってやっていました。それで一〇月から三月までは茶摘はありませんでした。七〇年代半ばに私が来る頃までには、農園の四分の三をサーッと、茶樹の穂先だけの軽い剪定です。ある年、クリスマスイブに茶摘を終えて一月半ばにまた始めたのを覚えています。茶仕事をしないのがたったの二週間ほどでした。昔は茶農園主はまことに良い時を過ごしていました。シーズンは六か月でした。……狩りでも釣りでも好きなことをしていられました。工場の方ではさらに悪くて、たいてい機械化不足でピークのときに処理しきれず、一週間働きづめになっていました。

ダス氏は茶労働の状況について自分の経験を語ってくれた。

一九七五年までに劇的に変化したと言って良いでしょう。ある茶会社での経験をお話ししましょう。アッサムの茶園の労働者とタンブリッジ・ウエルズの住民とを比べることができるとは思いません。でも農園の隣に住んでいたアッサム人で土地に住み、農耕をしていた人々の運命とは比べられます。そんな人々のために政府は何をすることができたでしょうか。医療、学校についてなど。これはとんでもない比較ではありません。

医療については、素晴らしかった。本当にとてもよかった。素晴らしい病院。それに緊急時に人を運ぶ専用飛行機がありました。スタッフが飛んでいったのを知っています。医療は比較的良かったのです。例えば今日の近隣地域の病院はずっと悪いのです。

学校も悪くありませんでした。大きな欠点は、茶摘に来いと経済的圧力がかかったことですが、これは少し変わったと思います。たいていの家族はお金が必要で、子どもを学校よりも仕事にやりたかった。労働者を守る法律がたくさんあって労働組合もありましたが、法制化できないようなことというのが実は大事なことです。

会社が誇りに思うものではなかったし、私も誇りとしていなかったものについて例を挙げるとすると、住居のことがあります。農園にある家のうち半分は「上等」です。いまでもかなりひどいものですが、それでも上等です。あとの半分は毎年葺き替えなければならずひどく費用がかさみます。家をちゃんと建てたらまだましだったでしょうに。セメントが不足して、入手可能であるかどうかに住宅計画が依存していました。工場を増設するためにセメントが必要だったら、それが優先されましたし。これは労働者の家は造られないということを意味しました。水用のポンプを供給するだけ、それも手押しポンプで、他はどうしても手に入りませんでした。それでやめていく人たちがいました。改善しようとする人たちもいました。人々が労働者に注意を払いはじめるようになりました。

そういうわけで、住環境は混在、医療は良好、教育はまあまあというところでしたが、（産業革命期のイングランドと同様に）圧力に左右されました。給料については、集団交渉ですから、平均的水準は組織をもたない部門に比べてはるかに高かったのです。……アッサムの他の土地所有者たちは、茶労働者に支払われていた分のごく一部にしかならない給料しか支払っていませんでした。労働者たちは茶園での仕事を得るためなら何でもやったでしょう。

金貸屋が結婚や緊急事態のときにはお金を貸しました。アルコールの場合もありました。ネパール人の酒商人が追い出されたのを覚えています。束縛は形を変えて借金となり、絶望感となりました。

諸条件については、近隣よりはまだずっと良かったと言わなければなりませんが、家は山羊小屋にしたくなるような代物で、人間としてはあのようなところには本当は住みたくなかった。不幸なことに、これがインドの典型であったし、いまでもそうなのです。

会社がインド人の経営になったあとでの茶労働者たちの環境についてはダス氏は次のように思った。

実際のところ後戻りしました。進歩的なイギリスの会社はインドの会社の先を行っていました。遠慮なく話せば、インドの企業家は最も善良で責任感のある会社人ではありません。平均的インド人企業家はマルワリ商人ですが、平均的マルワリ商人はこういうことには関心がありません。

お金に興味があるのです。私から見れば、インドで善良な市民としての品位を保てるのはタタ族だけです。不幸なことに彼らは多数派ではありません。インド人の個人所有の農園は条件が悪いのは確かです。良くないのです。腐り果てたような家、古びた機械、質の悪い作業など。さまざまなことに従っていないので常にトラブル続きです。本当に良くありません。

健康については――

私が到着するころまではもうマラリアで困ってはいませんでした。広範に消毒をしていましたから。はじめはＤＤＴで処理していました。溜水がきれいにされました。バンガローには空調設備が取り付けられました。はじめは恐ろしい問題でしたが、私の時代にはそれはもう過去の問題でした。本当に健康上主な問題だったのはアルコールでした。深刻で、映画の後に飲み屋に行って何百もの労働者が酔っ払って道端に寝転んでいるのが見受けられました。彼らはひどいやつを飲んでいました。カロリー不足だったので熱量を補うためにこれを飲んだと聞いています。けれどもその飲み物は栄養上の価値はまったくなくて、彼らがとても痩せていたのはこのせいです。彼らはとても痩せていました。インドのほかのだれもと同じように。それに彼らは夜明けから日没まで働きました。しかも茶園労働者のアルコール中毒はインド農村地帯よりもずっとひどかったのです。

労働時間と仕事の性質については――

多くの仕事をやっていたのは女性です。基本的に女性が上手にやりました。ふつうこれは「ティカ」と呼ばれ、増産すれば報奨金を得る仕組みで行われていました。人々は労働力投入度ではなく結果をもとに支払いを受けました。日があるうちはずっと働きました。噴霧器仕事は六時間を一つの単位にして二交替、一二時間で成り立っていました。茶摘の人たちは一日一〇時間から一二時間働けました。かなりたくさんの時間がゴシップ話、おしゃべりにも費やされました。二〇キロから三〇キロの数字を挙げる上位者もいたと記憶しています。でもそれは葉芽ではなく、つまり一芯二葉ではなかったのです。そういう穂先の部分だけを摘むのは高級茶の摘み方です。実際に摘まれたものの多くはかなり重さのある部分で、枝まで摘んでしまっていたのです。こういう粗い摘み方だと葉芽だけの重さの一〇倍から二〇倍の重さになります。農園の制御がきかなくなり茶樹が成長するがままになってしまうと、これは雨季に起こることでしたが、小枝がたくさんみられることになります。とても軽い葉芽だけを摘むことはできなくなります。それで稼ぎたい人たちは稼ぐことはできました。そんなにすごく働けない人たちは、バンガローで使用人になるということになりました。

一九八一年にインドを去ったダス氏に、その後改善したのかあるいは悪化しているのか彼の印象ではどうだろうかと尋ねてみた。

何度か訪ねてみて、それに連絡は絶やさないようにしていますが、私の印象ではアッサムでの生活は良きものをすべて失ったと思います。アッサムではテロと茶園での誘拐のためにまったくひどい環境になっています。地域のほかの人たちにくらべて労働者が良い環境にあるのか悪いのか、私にはわかりません。でもものすごく変わったとは思いません。それにインドの新中産階級がいること、それから茶園労働者はそれに入らなかったと思われることがあるので判断は難しいのです。けれども管理職員は新中産階級入りしたのだと思います。

今日の茶園での教育についてシンガ夫妻が次のように言っている。

教育についてはかなりの問題があり、多くの若者が不信をもっています。会社の学校を政府が受け継ぎ、ドロップアウトする子が多く、六年生か七年生まで勉強しますが、欲求不満で茶農園経営にとって心配の種です。彼らは畑で働くことは自分たちの水準以下のつまらない仕事であると感じて、欲求不満になるのです。茶園で働きたがりません。私たちとしては労働者が教育されることを望みます。教育を受けた労働者の仕事は良いからです。九年生あるいは一〇年生までいくと理解することができます。そういう人たちはより良い生き方をして習慣も変化しています。

茶園以外で働く人々と比べて賃金はどうなのかと尋ねた。

外の労働者に比べると受け取る金額は少し少ないでしょうが、設備と特典が大きいのです。無料の住宅、無料の医療と保護服があります。実質的には食べ物も無料で、米か小麦一キロあたりたったの半ルピーしか支払いません。これは一九五二年の価格です。雇用者が毎日の給料の一二パーセントを将来展望基金にいれて、年金、祝儀、保険などの事業が行われます。未来は安心というわけです。欠員補充は多かれ少なかれ保証されています。その人が引退したり亡くなったりしたときにはどこかで探す必要はなく、まずその人の家族から替わる人がでるというのが習慣的になっています。

男女の賃金はまったく同じです。女性労働者がやる仕事が賃金が低いものに偏ってはいますが。茶業は子どもの労働力を使っているという国際的懸念はまったく間違っています。私たちは子どもを雇っていません。始めるのは一五歳です。一五歳から一八歳は若年労働者で実質的には同じ賃金を受け取っていますが、彼らの仕事は八時間ではなく五時間だけです。割り当て仕事がある場合には若年者は半分やればいいのです。

人々は一週間に六日働きます。年次休暇があり、一四日働くと一日休めます。それに祭日や休日がたくさんあります。ふつう三〇〇日か三〇二日の勤務日があり、一二日の有給休暇がありま す。

仕事の中には請負仕事があります。茶摘のような増産すれば報奨金がある仕事があります。最低限は茶の緑葉二一キロです。これを摘めば給料として設定されている全額受け取れます。これ以上の葉については一キロにつき二七パイスをもらえます。妊娠休暇は三か月で、すべての特典を使うことができる休暇であり、子どもの世話も含まれて、子どもにかかる費用は無料です。(5)

医療設備は一〇〇パーセント無料です。農園内で治療処置可能な傷病については五二床の病院をもっており、簡単な手術もできます。手に負えない場合には、市民病院に紹介し、処置や検査その他すべての支払いを会社がします。労働者だけでなく扶養者も保障対象です。扶養者は学齢までの子どもです。

現在の給料は男女とも一日四三ルピーです（だいたい一日七〇ペンスあるいは一ドルに相当します）。若年労働者はこれよりも一七ルピー少ないです。

明らかに状況は良くなっています。私が茶業にはいったときには一〇歳、一一歳の子どもが畑で働いていましたが、今ではそれはありません。現在茶園では一五歳未満の子は働きません。過去には現在先進国である国でも児童労働があったことを思い出してください。アメリカでは今でも子どもが新聞配達などします。女の子は一四歳か一五歳で母親に連れられて働きにいき、お母さんの働きのプラスになるように葉を摘むことがありますが、これは勧めていないもののやめさせてもいません。少し余分の収入を得ることができ、児童労働ではありませんから。

初期の労働者は奴隷だったのではなく契約を結んでいました。その場を離れていくことはできなかったというのは本当ですが。今ではそんな契約もなく、終身雇用です。一九五二年の産業法で規則と規制が定められています。雇用主よりも守られています。

インドのほかの地域から労働者を連れてきてはいません。十分に労働者を確保していて、現実には多くの人が茶以外の仕事を探しています。うちには一五〇〇人の終身雇用労働者がいます。それから最盛期にはあと五〇〇人雇います。それとは別の五〇〇人くらいが農園内に住んでいて外に仕事をしにいっています。私たちは気にしないことにしています。

茶園で働いている人たちの生活は、村で働いている多くの人々よりもずっといいものです。茶園経営は農園経営法に基づき多くのものを提供しなくてはなりません。村では政府がなすべきであるにも関わらず実現できていないことを、茶園は実施しています。

水の供給をとってみてごらんなさい。村では今でも井戸からの水を飲んでいます。私たちは濾過施設をもっており、水を濾過・消毒などし、水道管を引いています。それぞれの家に水道が通っているわけではありませんが、八軒から一〇軒に共同の蛇口があり、浴室があり、衛生的なトイレがあります。適切に使っているかどうかについては判断するのは難しいですが、最善を尽くしています。農園の小さな公立学校には政府はトイレをつけませんでしたが、私たちがつけました。健康な労働者は私たちにとって良い労働者です。治療より予防です。

主な病気は基本的には腹痛、季節によるウイルス性発熱です。マラリアはありません。六か月ごとの薬剤散布がマラリアを防いでいます。よく見られる病気にたいする予防接種は一〇〇パーセント実施されています。

茶園では栄養失調はありません。補助金を受けた割り当てがあるからです。野菜を育てるのに十分な土地があるし、家畜も持っています。週に三度くらいは肉を食べます。山羊と豚を飼っています。牛乳はあまり好まれませんが、牛は耕作に使い、牛から堆肥ももらいます。それで［乳幼児］死亡率は国の平均の半分くらいです。お望みならば統計を用意します。

シンガ夫人が女性のことを話してくれた。

女性は大いに活躍しており、より稼ぐ人たちです。給料に男女差別はなく、妊娠休暇もそれなりにあります。多くの農園には良い医者がいます。女子教育については、女の子はよく勉強します。女の子のおちこぼれ率は男の子よりも低く、試験もよくできます。公的には一八歳ですが、女性のふつうの結婚年齢は一六歳から一八歳です。

保険施設があって、避妊や家族計画もあり、出生率は明らかに国の平均よりずっと低いです。これは私たちの利益にもなります。人口が押さえられていたほうが良い設備が提供できます。以前は大家族でした。今では平均余命がより良い生活水準とともに長くなり、より小さな家族のほうが望ましいと労働者が自覚しています。家族計画をした人たちの方が良い生活をしていると気づいているのです。家族の人数について記録があります。今日一家族につき平均三人か四人の子供がいます。八年生か九年生まで教育を受けた労働者は子どもは三人までとしています。男の子の方が今でも好まれますが。茶園で仕事をもつことができるのは自分の子どもの中から一人だけで、農園は拡大していないということを人々がわかっています。

シンガ氏は「私の農園ではそれぞれの家に電気があり、テレビをもち、世界で起こっていることがわかるようになっています。ビデオもとても人気があります。今日では労働者は以前よりも権利を意識しています。だまくらかせるような人たちではないのです。労働組合の主導者がいます。労働者はもはや字がかけなくて拇印を押す人たちではありません。読めるし、議論もします」と結んだ。

年間ボーナスの削減を巡って労働者たちと一三日に及ぶ討議を彼はちょうど終えたところだった。この間、労働者たちは彼を何時間か缶詰にした。護衛をつけることを勧められ、多くの経営者たちがガードマンを使っていたが、彼はこれを退けた。費用は彼の給料の年間五〇〇〇ポンドに相当するであろうから。

シンガ夫妻は茶産業がとても保守的であることを認めた。

多くの伝統が依然として守られています。機械は古くて変わっていません。労働水準は……何でも新しいものを導入することについては私たちはとても保守的です。ある時点でインド技術研究所から最良のブレーンを雇いましたが、一年か二年しかもちませんでした。彼らの頭脳は使われなかったのです。経営者が適任ではなくて彼らの言っていることがわからなかったのです。あまり変わっていないので、茶の魅力と美は多くの点で残っています。南インドのある工場ではすべてコンピュータ化していますが、優れた茶を生産してはいません。日本と同様に。私たちはゆっくりとした変化を求めます。古い機械はよく動くのです。古い機械を少し改良すればいいのです。茶は基本的に食料と同じで機械だけで作れるものではありません。人間の手が必要不可欠です。

変化の速度がゆっくりであることの一つの理由は、茶生産の効率を改善することがどんなに難しいかということである。十分うまくいっているのに何故変えるのか。まったく、非常にうまくいっていると論じる人もいるだろう。少なくとも製品を作る効率的機械に関してはそうだ。このことは世界を叉に掛ける経営コンサルタントとして広い分野の経験をもつダス氏が簡潔に語ってくれている。世界的視野からみると茶産業は非常によく運営されている。

世界のある部分は、カルカッタやアッサムのように非常に茶に依存しています。何十万もの人の仕事が茶によります。茶を弁護するにあたり私が印象的だと思ったのは、この差異です。インドは、米を育てることについてすべてて知り尽くしていると思われがちですが、一エーカーあたりの収穫は世界で五二位でした。茶では面積あたり一位でした。これには勇気を与えられます。会社をもち、大規模経営を行い、プロ精神に徹し、利益を出したあとでも、最終結果はより生産的になるのです。

富を作り出すやりかたがわかったあとでないと富の分配に心をくだくことはないと思います。富を生み出せば、人々の生活水準を上げることができます。そうでなければ生活水準は上がりません。たくさんの人を雇い、現在享受している地位をインドに与える効率的企業としてのイギリスの大農園産業がなかったら、トルコなどの地域と同じような何千もの小規模経営になっていただろうと思います。それは困りものです。その是非についてトルコとインドを比べてください。トルコに行ったことがあります。茶の見本を持って帰ってきました。持ってきた茶は仲介人によればどんな値段をつけたとしても売り物にならないということでした。裏庭で育ててどうにか使う趣味的なもののみたいに行われているだけなのです。

たしかに私企業はよく組織されています。人は容易に資本主義を批判しますが、それが実際には人を雇用しています。もし社会主義的な共同体をもっていたとしたら、半分の人たちが職を失い、病院などで水準がひどくなったでしょう。私たちが経験したモデルのなかでこれがうまくいったと言わなければなりません。今日までインドではこういう背景をもったものが何でも、小さな集団農場的思考過程よりも良い実績をあげています。

しかしこのことは労働条件改善が遅いことを正当化するものではない。需要と供給の「見えざる手」が、産業が生み出す富を労働者が享受することを保証するだろうと信ずるアダム・スミスが打ち出した恵み深い資本主義モデルはうまくいっていない。このことはダス氏も強く認識していた。イギリス人はほどよく公正で効率的だったのだろうが、継承したマルワリ商人と同様に、ほとんどすべての人ができるだけ多くの利益を得ようとしていたが、前に述べたように拮抗する勢力がほとんどなかった。このことはなぜ彼が厳しい評価をしたかを説明する。

実際のところ、イギリスの茶システムを要約するとこうなります。私にとってインドでのイギリス的なものとは富の譲渡のための効率的機械といっていいものでした。一九〇〇年のイギリスの収入の二五パーセントがインドからもたらされていたとイギリス人が言っていました。これは重要なことを物語っています。

一八七〇年と一九七〇年の間にあがった利益は信じがたいものだったことを思い出さねばなりません。こういう利益はばつの悪いものだったということです。会社が一年で発行済み資本金の二・五倍の利益を出すことは珍しくありませんでした。確かに税金や何かがあったでしょうが、茶は金づるだったのです。今でもそうです。茶産業について私が理解する限りでは、「不景気」なときでも私がこれまで携わってきたたいていの産業よりも良いのです。

こういう会社の所有者の何年にもわたる巨大な利益をみて、どのくらい再投資しているかを計算すると、褒められた話ではありませんから、人々が正当性を疑うのも当然でしょう。でも多くの産業で同じことがなされているのでしょう。

イギリス人の高い生活水準と巨万の富と、労働者のみすぼらしいみじめさの間の溝は、一九世紀には胸が悪くなるほどひどいものだった。さまざまな政治的事件と関連して二〇世紀末になって、差は縮まり始めた。

天然資源が地元の人々のために使われる自由なアッサムを話し合うために一九七九年四月にアホム王の宮殿廃墟に数人の若者が集まった。一九四〇年代からアッサム谷周辺丘陵では分離運動がおこっていたが、一九八〇年代になってアッサム州を分離する欲望が爆発して暴力的な分離主義紛争になった。(6)

アッサム統一解放戦線（ＵＦＬＡ）は、「事実上行政を崩壊させて並列政府を動かした。」搾取の一〇〇年から生じた欲求不満が爆発して武装反乱となり、愛国主義の名を借りて、そしてまた国のために長く否定されてきた権利を要求するとの名を借りて、脅し、恐喝、窃盗、強奪となった。

他の反政府グループとのつながりがすぐにできた。アフガニスタンとパキスタンのイスラム聖戦士諜報部である。パキスタンはすでにナガ族とミゾ族の独立運動に出資しており、ＵＦＬＡ指導者たちは戦術や対諜報活動や武器使用の集中訓練のためにパキスタンに赴いた。北西辺境州のダラが世界でも最大の武器市場だった。

パキスタンの諜報部が支持し、アッサムでの大規模活動について忠告を与えた。通信を断絶し、油田のような経済的標的を攻撃し爆破せよ、混沌を生め、そうすれば全国民が立ち上がると彼らは言った。ＵＦＬＡのリーダーたちは用心深かった。政府のもとで仕事についている人たちの数を彼らは知っていた。政府に不満をもち、毎年の洪水と果たされない約束、失業率上昇にうんざりしていたが、それでも無政府状態よりはましだと考えていた。はじめのうちはＵＦＬＡは道路建設や堤防建設のために銀行や実業家を襲い、ロビン・フッドの役割をした。彼らは中産階級アッサム人で、暴力を好まなかった。

しかし、彼らはナガの独立運動戦士のようにもっと訓練と武器を必要として、カチン州のつながりを使った。国境を越えたミャンマー（ビルマ）のカチン族は自分たちの国の腐敗政府に対して長いことゲリラ戦を戦ってきていた。彼らは喜んで助けてくれたが、相当な代償を支払わなければならなかった。武器と訓練に六万ドルだ。

訓練からアッサムに帰ってきた若者たちは厳しい姿勢で自信をもっていた。四年にわたりアッサムは彼らの思うままだった。彼らは襲撃し、脅迫し、金銭が流れ込んだ。さらに大胆で残酷になって、誘拐も殺人も彼らが用いる手段となっていった。

もし捕まったら首謀者は即座に処刑されたが、偽ＵＦＬＡ集団がうろつくようになった。茶園は有り金をはたき、五万ルピー以上を支払った農園がざらにあった。一九九〇年ＵＦＬＡの勢力が最大になり、警察も彼らに雇われ、恐怖が国を覆った。農民たちは村の近くの反乱軍野営地のことにまったく「無知で」彼らは標的ではなかった。国の行政は行動をとれないようだった。

一九九〇年五月にＵＦＬＡは優雅な経営者バンガローでの会議に四つの大きな茶会社の幹部を招集した。大農園主代弁者がひまわり種農場をつくるためにトラクターを一〇〇台寄附すると言った。そうではなくて、三〇〇万ルピーが必要だとＵＦＬＡは言った。有り金をはたいた会社もあったが、巨大国際資本のユニリーバは拒絶した。(7) この拒絶が契機となって一連の出来事がおこり、反乱者を転覆させて独立アッサムの夢を打ち砕いた。

ユニリーバはロンドンのインド高等弁務団と連絡をとり、擾乱地域法が公布された。一九九〇年一一月七日ボーイング七三七型機が会社幹部とその家族をアッサムから運び出し、翌日アジャ・シン少将が召還された。彼は戻ってインドで最大の平時軍事活動を組織し、一〇日で三万人の兵を集めた。

一一月二八日午前四時、重武装兵が装甲兵員輸送車で兵舎から素早く出陣し、ヘリコプターが落下傘部隊を落とすために飛び立った。ＵＦＬＡはテロリスト集団であると宣言され、その一員であるということは死刑に値する反逆行為であった。

インド陸軍は、アッサムの泥と密林を進んだが、彼らの行動はよくは思われなかった。後に人権団体が暴くことになる彼らのとった方法は、強姦と拷問も含んだといわれている。長引いて七年に及ぶ闘争の後でＵＦＬＡは消滅していった。彼ら自身の行動が少なくとも不審なものだったということを示す大量の墓が残されている。しかし彼らは村人を犠牲にしなかった。今回は、村人は夜明けの襲撃、厳しい尋問、男たちが車に乗せられ連れ去られることに怯えていた。

一九九二年この件について結論が得られないまま収束させる話し合いがデリーで行われた。アッサムの独立は得られなかったが、茶園の状況はようやく変化した。ここに至って茶業組織に対して真の政治的影響力が発揮された。「最近は、大小の会社が自分のところの労働者や近隣の村のために競って学校や良い道路や医療施設、特にサッカーなど有望運動選手のための特別訓練センターを作っている」とジャーナリストで著作家、映画制作者であるサンジョイ・ハザリカは『霧の中の異邦人』で述べている。「その多くは、銃をつきつけて、あるいは謎の手紙や電話の脅しで会社に強要した結果だ。」(8)「多く」と言っていることを覚えておくといいだろう。明らかに、インドの経済と社会の変化につれて、改善へのゆっくりした保守的な流れがあった。一九九〇年代のインドの経済的進展と政治的報復の恐れが組み合わさって急にさらなる動きをおしすすめ、茶労働の状況はここ一五年で劇的に改善した。

アッサム全体について言うならば、茶労働者と全く同じ運命を巡り、それもより深刻な苦しみであった。つまりアッサムではその莫大な資源に見合った投資はほとんどなされることなく、容赦なく搾取された。一九世紀を通じて茶輸出から生じた富はカルカッタとイギリスに主に流れた。それから石油が見つかりアッサムの豊かな恵みは増えた。しかし、この遠隔の地にはほとんど利益はもたらさなかった。茶と石油の輸出及び活用から得られる利益は大部分中央政府に吸い上げられた。今日アッサムは最も後進で貧しい州のひとつであり、国の平均よりも識字率や潜在的な電力使用率が低い。今でも主に稲を育て、交通手段に乏しく、産業基盤施設も非常に弱い。(9)

世界の多くの国で茶は巨大な恩恵だった。茶や石油や天然ガスから公正な利益が必ずアッサムで働く人々に返ってくるようにすることは富める国々やインドの叡智を越えたことではないだろう。極端な運動や不買運動は貧しい何十万もの人々の職を危機にさらすだろう。しかし、生産者に利益がもたらされる公正取引は、この農園作物について精査されなくてはならない。カカオ、コーヒー、ゴム、木綿、砂糖、その他の熱帯農園作物生産条件の改善方法としてそれが審理されているのと同様に、茶が生む相当な利益と飲む人の楽しみは茶労働者にもっと恩恵をもたらすべきである。緑の黄金から生み出される富が、これまで別のところに流れていたが、アッサムの人々の助けになるべきであるのはごく公正なことだ。

ケララのタタ農園でアイリス・マクファーレンが目撃していた適切な状況がインドの茶園で何ができるか、あるいは他の茶生産国でどうするかを示す手本となるだろう。

東京の薬種商

第一三章　茶と心身

こういうふうに、われわれの知性が消化器によって支配されていることは、実に不思議であると言わねばならない。胃袋がそう望まない限り、われわれは働くこともできなければ、考えることもできない。胃袋はわれわれに対し、こういう感情を持て、こういう情熱を持てと、命令するのである。エッグズ・アンド・ベイコンを食べたあとで胃袋は言う――

「働け！」

朝食と黒ビールが終わると胃袋は言う――

「眠れ！」

紅茶（一人前茶さじ二杯分いれて三分以上おいたもの）を一杯飲むと胃袋は頭脳に告げる――

「さあ、起きろ。お前の力を示せ。雄弁にして荘重《そうちょう》、荘重にして温良なれ。自然と人生を明晰な眼で見つめよ。思考の白い翼をひろげて天たかく翔《か》け、荘厳な魂のごとくに、下方にうずまく世界を見下しつつ、星たちの長くつづく道を通りぬけて永遠の門へと去れ」(1)

（ジェローム・K・ジェローム『ボートの三人男』）

茶に関わる並外れた事実は、地球上で最も重要で強力な薬用物質であるということがわかったことである。茶葉に含まれる五〇〇以上の化学物質が多くの点で人間の心身に変化を与える。世界の住民の半分以上が茶を飲んでいるので、この効果は広範に広まっている。喫茶の人間の脳及び身体への影響は、アジアでもヨーロッパでも一九世紀以前に半ば知られており、一八七〇年代以降に本格的に実証されるようになった。

一九世紀の中国や日本での西欧からの観察者は茶の薬効のいくらかをよく知っていた。たいていの人よりもよく中国での茶の役割を理解していた偉大なアメリカ人中国史家のS・ウェルズ・ウィリアムズは、中国で教師として四三年間過ごし、後にイェール大学教授になった。二巻本『中国』(一八八三)で彼は茶を魅力的にそして医学上有益にしている物質について推測した。彼はこれをとりわけ比較する方法を用いて、茶を他の非アルコール刺激飲料と並べている。「暖かい飲み物に使われているもの、つまり茶、コーヒー、マテ茶、ココア、ガラナ、コーラなど四、五種類の物質の構成要素について化学分析した結果、これらには三つの構成物質があって、これが効力をもつのは疑いない。」このうちのひとつが「揮発性油分」であり、これが茶に特有の味を与えている。二番目はテインと呼ばれるもので、今日では私たちはカフェインと呼んでいて、「身体への効果上、主たる誘発及び効果」と彼は考えた。

観察ガラスに細かく粉砕した茶葉をいくつか置いて紙の蓋をして加熱板の上にのせたら、白い気体がゆっくりとたちのぼり、蓋の中で無色の結晶のかたちで濃縮する。これは茶の種類が違うと違う割合で存在し、緑茶では一・五パーセントから五パーセントあるいは六パーセントである。テインは無臭で少々苦く、抽出物を飲む気にさせるものではない。しかし、化学者によれば三〇パーセント近く窒素を含んでいるそうだ。コーヒーやココアなど他の飲料の塩は同じように多くの窒素を含み、食べ物が少なくても、人体の消耗を回復させ、固形食物の必要量を減少させ、身体の消耗を減少させて、その結果倦怠感を低下させ、心身の活気を維持する。茶はこれを他のものよりもより爽快にやってくれる。他のものよりも、老人にとっては消化器官の弱くなった能力を補い、肉体を維持するのを助け、身体を健康に保つのを助ける。

西洋人としての論評にあたり彼は次のようにも述べている。「茶が生活必需品となっているのもこれで不思議はない。六〇代の病人で、食事に肉も買えないほど貧乏でも、なけなしのお金で買った茶を飲み、茶がない場合よりも軽やかに、幸福になり、仕事ができるように、人生を楽しめるように感じられることを知っている。無意識のうちにその病人は中国人が何世紀も前に言っていたことを繰り返す。『茶を飲みなさい、そうすれば動物精気が活発に純粋になるのです。』」

それからウィリアムズは私たちがフェノール成分と呼んでいるものに言及した。

三つ目の物質（ここに挙げたほかの飲料よりも茶に多く含まれる）は南アジアで広く噛まれているビンロウジやガンビールの重要な要素、つまりタンニンである。[2] これが茶葉及びその抽出液に収斂性の渋みを与え、よく乾燥した紅茶では一七パーセントに及び、特に日本茶などの緑茶よりも多い。タンニンの効果はオイルやテインと切り離して明確にすることができるわけではないが、ジョンストンは茶の昂揚作用、満足感、睡眠作用と関係があると考えている。[3]

近くの日本では他の観察が行われていた。一九世紀末、動物学者エドワード・モースが「何世紀も前から下肥を貯めて農地や水田で利用しているので、日本人は水を飲むことの危険を認識していた」と言っている。[4]「日本人は経験から湯を沸かして飲むこと、お茶を飲むことを学んだ」と彼は言った。[5] 何らかの理由で茶葉数枚も手に入らない場合でも湯を沸かすという事実をこの知識が説明してくれるだろう。

一九世紀末にコレラが入ってきたときの衝撃的事件のために、茶の薬効が日本で特に強調されている。「コレラがとても流行っている。……冷たい水は一口も飲んではいけない。茶、茶、茶、朝、昼、夜、いつでも茶である。」[6] サー・エドウィン・アーノルドは一八九〇年代のコレラ大流行のときに次のように書いた。「絶え間なく茶を飲む習慣がこのような時期に日本人を大いに助けていると付け加えていいだろう。のどがかわいたら急須に手をのばす。沸騰した湯は近隣の井戸の危険をかなり安全にしてくれている。」彼は限られた人々以外はまだ茶を飲んでいなかったインドからやってきたところだった。一九世紀初期に中国で喫茶とコレラの関係がすでに注目されていた。広東にあるフランスの工場は「フランス人が茶はコレラの治療薬であると判断し」操業を続けた。(7)

アメリカ政府農業局長のE・H・キングは二〇世紀初めに人口密度と中国および日本の湯の間にある関係を指摘した。「湯を飲むことは、これらの国では皆が行っている。人口が密集している国では、飲み水から排除することがこれまで不可能だった致死病原菌の類に対して、それぞれの人の実践が可能で完璧に効果的な防衛策である。」「湯は、茶のかたちで、誰もが飲むもので、腸チフスや関連の病気に対する予防措置として採用されているのは明らかだ。」(8)

キングはアメリカの政策に影響を及ぼす意図をもって書いていた。この点に関して安全な水を供給することの困難を考えるとアメリカとヨーロッパは日本と中国を真似てもいいだろうと彼は考えた。「これまでに策定された最も徹底した衛生対策の成功から判断する限り、そして人口増大とともにひどく増長するに違いない内在的困難を考慮すると、近代的方法が最終的には衛生効率において失敗するのは不可避であると思われる。」彼は「中国と日本の飲み水煮沸は、大都市での人口密集の危険から身を守るとともに田園地域でも人口が密集しているために必要なことであった。しかしながら、これまで我々の衛生技師たちはこの最も重要な問題について都市的局面にしか対処してこなかったということを見逃してはならない。[9]」

以上に示した茶とさまざまな病気の間の関係は、概して観察による関連付けに基づいている。強力な顕微鏡の時代までの長い間、主たる微生物と病因を見ることができなかったため、この関係を確かめることは不可能だった。一九世紀後半のコッホとパスツールの時代以降になってやっと茶がいかに健康に関与しているかということを示すことが可能になった。より性能の良い実験技術の到来とバクテリアの発見が新たな可能性を開いた。

一九一一年、茶の主要物質であるタンニン酸（フェノール成分）が「イギリスとアメリカの薬局方で公式」なものとなり、さまざまな調合薬剤で使用された。[10]医療価値については次のように言われている。

皮膚の損傷あるいは露出面に塗布すると、保護膜を形成する。加えて繊維を収斂させてさらに体液が放出されるのを防ぐ。出血箇所に直接接触させると出血を抑制する。……腸内ではタンニン酸は腸内出血を抑制し、強力な収斂剤として働き不活発を誘う。この理由で下痢止めとして勧められている。タンニン酸はさまざまな潰瘍、痛み、湿性発疹の治療に広く使われている。[11]

一九三〇年代の研究段階についてはW・H・ユーカースが茶史大要『世界茶文化大全』（一九三五）で要領よく示している。ここには、化学及び薬学で詳細な扱いがあるが、驚いたことに健康効果についてはほとんど言われていない。健康に関して、ユーカースはアメリカ陸軍医のJ・G・マクノート少佐が次のような報告をしたと記している。「四時間茶にさらしておくと、純粋培養のチフス菌が大幅に減少した。二〇時間たつと冷たい茶の中でチフス菌を回収するのは不可能だった。[12]」茶に含まれるフェノール成分の抗細菌特性を実験で証明したことへの最初の言及のひとつである。それ以外は、ユーカースは栄養的効果の可能性に触れるのみである。日本の緑茶がビタミンCを多く含んでいると日本の一九二七年の広告にあると書きとめた。[13]これは二人の日本人化学者が一九二四年に行った研究に基づくのであろう。そこで彼らは、紅茶には存在しないが、緑茶には非常に大量に抗壊血病（壊血病を治療及び予防する）水溶性ビタミンCを発見したと主張した。茶には脚気を防ぐビタミンである水溶性ビタミンBが含まれるということを示す一九二二年の研究（確証はなかった）にもユーカースは言及した。しかし全般的に茶のフェノール成分の発現や特性の理由はほとんどわかっていなかった。[14]

ユーカースにとって興味があったのは、正しくも茶の魅力の主要因として考えていたカフェインの問題だった。「カフェインは強力なアルカロイドで、人体には刺激物として作用し、茶とコーヒーはどちらもカフェインを含んでいるために広く飲まれている。」ユーカースは心臓の働きへのカフェインの影響についてとりあげ、人間の能率性へのカフェインの影響に関する引用を数多く挙げている。[15]

これはたいへん重要なので、彼の観察の中から引用しておく価値があろう。

まず第一にどこまでそしてどのように茶が身体活動の効率性を高めたのかという問題がある。

カフェインは脊髄反射中枢への刺激物として働く。副次的機能低下をもたらすことなく筋肉がより活発に収縮できるようにするので、カフェインの影響下で人が行うことができる筋肉運動の総計はカフェインなしの時よりも大きい。茶やコーヒーなどのカフェイン飲料を飲んだ人間誰もの体験がこの結論を確証すると指摘せずにはいられない。(16)

さらに、

多くの大学で、テニスや野球の試合やボート競技の前に強い茶を与えるのがコーチの習慣になっている。スイス・アルプスの道案内が茶を持っていて、山登りをするときに茶を摂取するのを勧めているのは良く知られている。どの国よりも一般に飲料として茶がよく飲まれているロシアでは力仕事をする要請を受けた人は大量の茶を与えられる。(17)

第二に、精神的効果がある。

アルコール一五グラムを含む半リットルのミュンヘンビールは精神作用の昂揚を二〇分もたらすが、それに続くのはその二倍の時間の顕著な機能低下だった。一方、一杯の紅茶は四五分間一〇パーセント増しの知的能力を発揮させ、そのあと被験者は普通の状態に戻ってアルコールの刺激に続いて起こったような悪影響は経験しなかった。(18)

どのように茶が心身を強化するかについては、カフェインの作用について述べた一九二三年のイギリス薬局方が説明してくれる。

中枢神経系への作用は、主に脳の身体機能をつかさどる部分に及ぼされる。覚醒状態と知的活動増進状態を作り出す。感覚的印象の解釈はより完璧に正しくなり、思考は明晰迅速になる。……カフェインはあらゆる種類の肉体的運動の遂行を容易にし、筋肉から得られる総計仕事量を実際に増加させる。(19)

早い時期の研究が、着実さ、タッピング、調整能力、タイプライター技術、色あて、計算、その他について、実験を受けた被験者はカフェインを与えられたときに顕著な向上を見せると示した。(20)一九九〇年代末の最近の実験がこの発見に裏づけを与え、茶の使用がある場合には集中、判別、記憶、動きがすべて良くなることを示す。これはまた思考や学習や「情緒面の健康」を改善するというカフェインの影響を論じる広い議論とも関わる。[21]

第二次世界大戦後は一時注目は他のところにいった。ペニシリンをはじめとする新たな「特効薬」ができたことと、腸チフス、コレラ、赤痢などの第三世界の疾病に対する興味が西洋で後退したことによって、一般的に研究費が別の方向に注がれた。それでも一九七五年、当時重要な研究調査で、ジェフリー・スタッグとデイヴィッド・ミリンが茶の影響がどんなに広まっているかを示した。記事の最後で二人は発見をまとめ、病気や状態、有効成分を示し、茶について何が作用していると考えられるかを示した。彼らが茶によって影響を受けるとして列挙した病気や状態は次のようなものである。貧血、虫歯、高血圧、鬱病、アテローム性動脈硬化、狭心症、心筋梗塞（心臓病）、ある種の肝臓炎と腎炎（肝臓病）、壊血病及びその他のビタミンC欠乏症、放射線障害、白血病予防、バクテリアによる感染症（特に腸チフス、パラチフス、コレラ、赤痢）、中毒性甲状腺腫、甲状腺機能亢進症、気管支ぜんそく、痛風、嘔吐、下痢、消化不良その他の消化器系疾病、老人性毛細血管脆弱、炎症、出血性疾患。ポリフェノール、ビタミン、カフェインがしばしば一緒に働いてこのような分野全般にわたって有益な効果をもつと彼らは示した。[22]

一九八〇年代に、西洋の薬の効能が急速に縮小しているという認識が高まったことや、高齢者病（癌、卒中、心臓発作）の増加に対処する試みも理由となって、注目は第三世界の薬草や植物療法に向かい、その中に茶があった。西洋の研究所でのこのような研究の多くが「西洋産業」疾患に限られていたが、それと並んで、概ね無視されていたが、ロシア、日本、インドその他で茶の栄養学的及び疫学的側面が研究された。

日本の研究者が最前線にいる。さまざまな癌（皮膚、消化管、結腸、肺、肝臓、すい臓など）の発生率が茶を飲むと劇的に減少し、癌の転移をしばしば妨げることを示唆した(23)。茶を飲むことでコレステロール値が下がり、血圧が下がり、動脈壁を強めるのを助け、その結果卒中の頻度を下げ、心臓発作の発生を抑える。さらに、茶を飲むと、血液中のブドウ糖値を下げ、肥満と糖尿病を制御するのを助ける。電子顕微鏡では、水や食べ物に含まれるたくさんの有害なバクテリアだけでなくインフルエンザウイルスを死滅させることが確認された。たとえば、コレラ、腸チフス、パラチフス、アメーバ赤痢、細菌性赤痢を起こすバクテリアは茶に含まれる化学物質で破壊される。ここ三年の研究はどういう経過でこのような結果が得られのか説明を始めている。たとえば癌細胞の増殖を防ぐ化学物質（カテキン）を単離するなどの方法をとっている。

研究機関でまず確証を得て、こうした結果その他が新聞雑誌の科学欄担当者に報告されることが増えている。今、新聞は赤ワインやチョコレートや茶に存在するさまざまなタンニンに健康効果がありから数点選ぼう。

そうだという楽しみな新しい発見を報告し始めた。一九九五年以来イギリスの新聞に現れた記事の中

一九九五年一月二四日『インディペンデント』紙に、「最近の研究によれば、茶が病気を予防する」という見出しでアレックス・モロイがさまざまな研究を取材している。「オランダからの最近の研究によれば、日頃茶を飲んでいる人の間では心臓発作による死亡率が茶を飲んだことがない人の半分である。ノルウェーの研究によれば、普通以上に茶を飲む人たちの間で心臓発作を含めたあらゆる病因による死亡率が低かった。さらに、「健康な関節に必要なミネラルであるマンガンの平均摂取量の半分近くを茶は供給できる。茶はまた虫歯を防ぐのを助けるフッ化物に非常に富んでいる。[24]」こればかりではない。「ニュージャージー州のラトガーズ大学と米国保健財団の研究では、茶の消費と癌発生率低下（肺癌、結腸癌、とりわけ皮膚癌）に関係があるとされている。」

一九九五年五月一七日『インディペンデント』紙の医療関係担当編集者のシリア・ホールが「緑茶は癌の危険縮小を助ける」という見出しで『イギリス医学会会報』に掲載された論文についての記事を載せた。「緑茶は心臓疾患および肝臓疾患から人を守り、おそらく癌から保護すると今日の日本人研究者は言っている。茶を飲めば飲むほど、病気の危険を減ずることになることを彼らは発見した。」これは東京近郊の吉見に住む人々に対する調査に基づく。[25]

『タイムズ』紙科学担当編集者のナイジェル・ホークスは、一九九六年四月二〇日に「オランダで

の研究によれば、茶を飲むことは発作防止によい。五五〇人以上を一五年にわたって調査したところ、茶を最も飲まない人にくらべて最も飲む人は発作の危険が三分の二減少していた。」「先行研究がフラボノイドが心臓疾患の危険を軽減することを示した。この研究は初めて発作に対しての予防効果を示すものである。」

一九九七年一月一二日の『サンデー・タイムズ』紙の小さな記事では「豪州科学産業研究機構が先週発表した報告によると、茶を飲むと皮膚癌回避を助ける。紅茶を与えられたマウスは水を与えられたマウスよりも癌や皮膚障害について五四パーセント少ない発生を示した。これはまた緑茶を与えられたマウスよりも目だって少ない癌発生率である。」

『サンデー・テレグラフ』紙のアレック・マーシュは一九九九年一月三日に「茶、本当に思考を促す飲料」という見出しで記事を載せている。「ある研究によると、茶を飲むと、集中力が上がり、学習能力が増す。特にふたつのことをいっぺんにやらなくてはならない人にとって有益であり、つぎつぎに仕事をこなさなければならない人が集中力を高めるのも助ける」と彼は書いた。これの面白い点は、次のことだ。「カフェインのせいではない。なぜなら、カフェインだけからなる飲料を与えられた人よりも茶を飲んだ人の方がよい結果をみせたからである。」この実験は、〇・五秒ごとに画面にパッとみせられる文字を被験者が続々と抽出するというものだった。「砂糖なしの茶を二杯飲んでから実験に臨んだ人たちは何も飲まなかった人よりもずっとよくできた。」

チェリー・ノートンが『インディペンデント』紙に二〇〇〇年九月二一日に載せた「必要なのはホッとする一杯」という見出しの記事では、茶は本当に効果をもっており、「心臓疾患を四四パーセント減少させ、膵臓癌、前立腺癌、胃癌、肺癌の危険性を減少させる。この効果は、栄養バランスを整え、老化防止の特質をもつさまざまなビタミン、ミネラル、抗酸化物質によるものであると信じられている。」これに加えて、「茶をたくさん飲むことは水分摂取を増やし、水分摂取が少ないことから生じたりそれにより悪化したりする便秘や膀胱炎のような病気と闘うことになる。」

記事では、茶はビタミンA、ビタミンB_1、ビタミンB_2、ビタミンB_6といった重要なビタミン群を含むことを付け加えている。茶はまた「カリウムとマンガンの宝庫である。カリウムは正常な心拍を維持するのに重要で、神経と筋肉が機能するのを可能にし、細胞の水分量を調整している。マンガンは骨の生育および身体全体の発達に欠かせないもので、茶を五杯から六杯飲むと一日に必要な摂取量の四五％になる。」

「一日に一〇杯以上の緑茶を飲んでいる日本人男性は肺癌、肝臓癌、結腸癌、胃癌になりにくい」という日本の研究にもノートンは言及した。中国の研究では「紅茶も緑茶も消化器官の癌の危険性を縮小するだけでなく、肺癌、結腸癌の進行を妨げる」と言っている。さらに、「茶はコレステロール値と血圧を下げるので、心臓病のリスクを減少させる効果があることについては多くの研究が証拠を提供している。」

二〇〇一年五月二二日の『インディペンデント』紙の記事では、「歯垢に存在するバクテリアは、口中を紅茶で一五分のうちに一回三〇秒で五回すすぐと増殖しなくなる。」ジョン・フォン・ラドヴィッツは二〇〇一年七月二三日に『インディペンデント』紙で、アメリカの研究について次のように述べた。「動脈壁の機能を改善させることになるので、茶を飲むことは心臓疾患と戦うことである。この研究の結果、茶に含まれるフラボノイドと呼ばれる抗酸化物質はコレステロールが動脈を損なうのを防ぐとしている先行研究が裏付けられた。」

二〇〇二年四月九日『インディペンデント』紙でローナ・ダックワースは「茶を飲む人は癌のリスクが少ない」という記事で、合衆国及び上海癌研究所の科学者が取り組んでいるプロジェクトについて述べた。一九八六年に始まって、一万八二四四人を対象に癌の兆候がないかどうか観察が行われた。一九〇人の男性に胃癌、四二人が食道癌を見つけ、この人たちを癌をもたない七七二人の他の点では同じような人と比較した。尿検査でポリフェノールエピガロカテキン没食子酸塩（ＥＧＣＧ）の存在を示した人は、胃癌・食道癌のリスクが低いことがわかり、この物質は茶に含まれることがわかった。この研究は「茶を飲む人は、定期的に飲まない人にくらべて胃癌や食道癌の危険が半分程度である」と結論した。

二〇〇二年五月七日付けの『インディペンデント』紙でセアラ・カシディは「喫茶は心臓発作患者の生存率を高めることがある」という見出しで『アメリカ健康協議会雑誌』に発表された研究のこと

を述べている。心臓発作の後四年間にわたっての一九〇〇人のアメリカ人を対象にした研究で「茶をよく飲む人は最も生存率が高く、茶をまあまあ飲む人の死亡率は茶を飲まない人の死亡率より三分の一近く低い」と示した。研究者たちは、茶の中のフラボノイドが動脈壁の変性を食い止め、また抗凝固及び緩和効果があると示唆した。

茶の健康効果について年間何百と発表される論文をかいつまんで記した。一九九一年には全世界でたった一五三本の緑茶研究が発表されただけだった。一九九八年には六二五本になった[26]。二〇〇〇年には前年の出版について、チェリー・ノートンが茶と健康関連研究は七〇〇以上にのぼると述べた。数が急速に伸びているだけでなく、こういった研究の多くが初めて素人でも手に入れられるようになった。インターネットを通してのことである。最近まで多くの人々にとって研究成果は学術的で入手困難な論文に閉じ込められて近寄り難いものであった。今ではクリックだけで研究成果をみることができる。こういった成果の中には、茶の酵素が癌細胞の成長を妨げる実際のメカニズムを示唆する重要な最近の研究がある[27]。

こういうごく最近の研究と古くから信じられてきたことを比べると、一部の古くからの効能が忘れ去られた傾向がわかる。想定されていた茶のたくさんの効能、つまり、目、消化、月経の不調、咳、喘息、潰瘍に効くということは研究の検討課題から消え去ってしまっている。最近の研究は、癌、心臓疾患、卒中、肥満に偏っている。特に、歴史上の四大死因であるペスト、マラリア、インフルエンザ、飲料水媒介感染症（コレラ、腸チフス、赤痢）は、以前は著作家や医者が茶を飲むことで影響され得ると考えたものだったが、もはや西洋の研究所にとって大きな関心ではない。

二〇〇〇年を経た今も研究はまだ初期段階であると強調しておく必要がある。諸雑誌で述べられているように、茶と健康の間に描かれている関連の多くは「まだ結論がでていない。」たとえば、集中力、記憶、判別、心身の能率的機能などについては間違いない。あるいは、茶のフェノール成分は腸チフスやコレラや赤痢を含む飲料水媒介感染症の主たるバクテリアを死滅させることに関しては疑問の余地はない。これは昔は非常に大きな意味をもったに違いない。

それより不確かであるのは、癌や卒中や心臓発作のような病気との関連だ。ここでは研究は準備段階にある。マウスを使った実験が相互関係を示唆している。人間の集団に関する長期的研究が相互関係をしばしば示している。阻止作用がどのように働いているのか理解され始めたところだ。人間を被験者としての大規模な検証がちょうど行われ始めている。

非常に重要な他の関連の可能性については、たとえば腺ペスト、インフルエンザ、マラリア、あるいはエイズまで、研究はほとんど始まってもいない。関連を提示する例はあり、インフルエンザのウイルスを茶が殺すことを私たちは知っている。残りの三つの病については、メカニズムも考えられる広い影響も調査されていない。マラリアやインフルエンザの多様性と猛威に対して、あるいは起こりうる腺ペストの新たな流行の発生やエイズ禍の重篤な悲劇に対して、多くの近代的薬剤がなおさら無効であるということを考えると、この分野での研究をもっと行うことは無駄ではないだろうと思える。

この段階では、茶の保健特性が一体何であるのか確かなことを言うのは難しい。茶はある種の病気の低減に積極的効果があるがこれに対して有害影響は少ないという十分な裏づけのある証拠が増加している。茶を奇跡の薬と宣言し確信を持ちすぎるのも、あまりに用心深く懐疑的になって特性を調査するのをやめてしまうのも、どちらも愚かだ。少なくとも、何百万もの人々に飲むときには水でなく湯をわかす労をとるよう促すことにより、並外れて強力な影響を及ぼした。面倒、燃料、時間、湯そのものだと美味しくないこと、これらを考えると、ありえない結果だった。何百万もの人々がただこれだけでより健康になった。外用薬的に使うと茶は消毒として働くということも知っている。しかも多くの消毒薬とは違って、体内のバランスを調整するだけでなく、身体内部の危険なバクテリアを処理することもできる。茶に含まれる化学物質が打ち消すと考えられている多くの疾病があるということは、湯がもたらした結果に加えての予期せぬ贈物になりうる。

本当に重要なのは、世界人口の三分の二が毎日恒常的に茶を飲むという純然たる事実である。たとえばキニーネがとれるキナの樹皮のように、葉の中にバクテリアやウイルスから身を守る物質をもつようになった他の多くの植物に比べて奇跡の程度は小さいかもしれない。薬草類をみるとわかるように、保健効果をもつ植物は数多くある。たとえば、一七世紀の植物学者カルペパーが月桂樹について言っていることをみてみよう。

実は毒液を出す生物のあらゆる毒にたいして、アブや蜂に刺されたとき、ペストその他の感染症に対して非常に有効である。……葉と実の煎じ汁の風呂は、子宮の病気がある女性あるいは月経不順の女性、膀胱の病、腹にガスがたまって痛いとき、尿障害などを持つ女性が入ると特によい。(28)

違いは、何百万もの人々が毎日茶を飲んでいるのに対し、月桂樹の葉の煎じ液はごく少ない人しか飲んでいないということだ。カフェインのせいで、あるいは政治的経済的社会的理由から、文明全体が茶に親しむようになり、ほとんど他のものは飲まない。もし最も最近の特性一覧（その多くの効能についてはほとんどまだわかっていない）に見られるような五〇〇以上の化合物の中に抗菌性があり他にも作用物質を含んでいるとしたら、そうしたら茶はまさに世界の健康に非常に大きな影響力を持ちうる。(29)

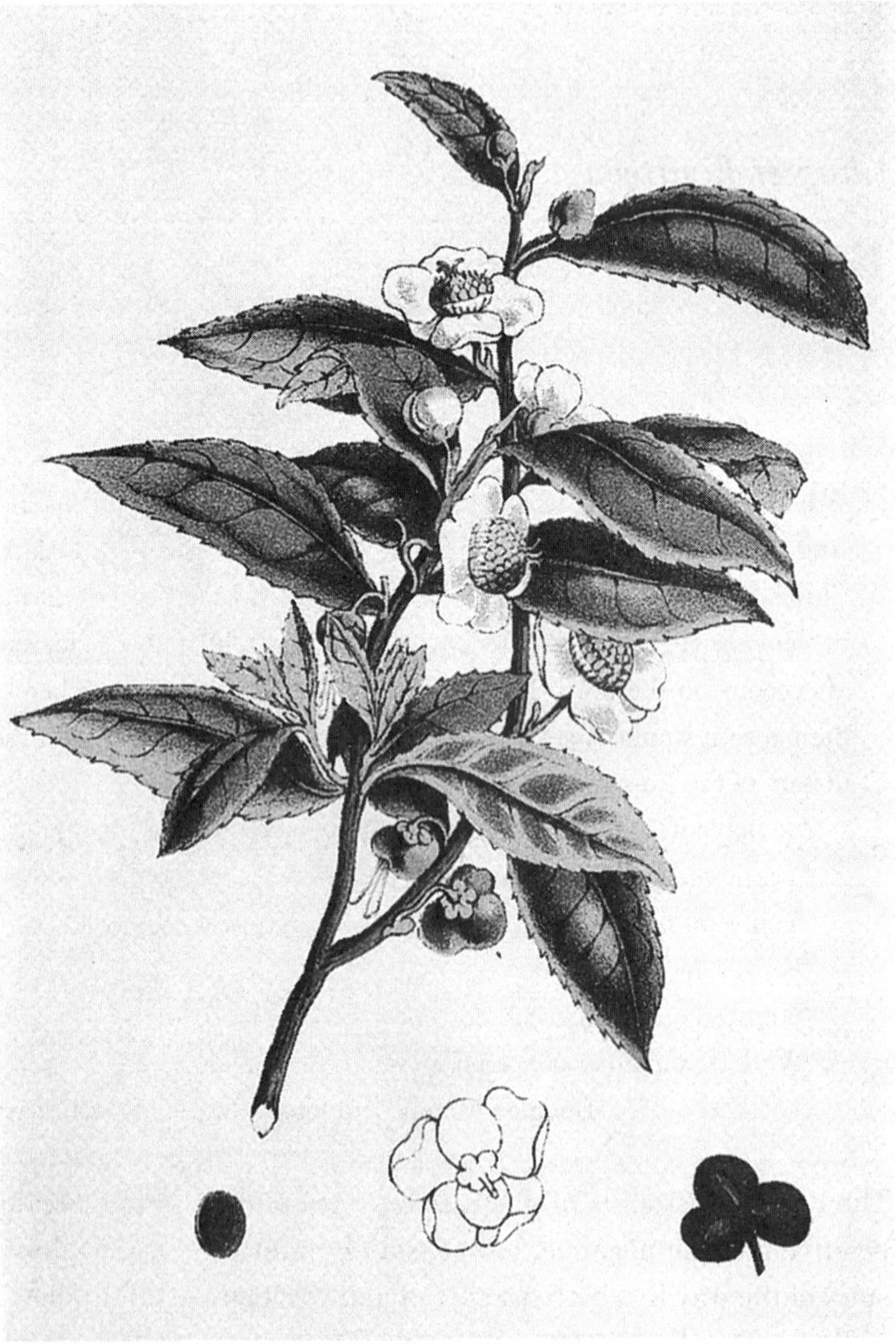

カメリア・シネンシス，19世紀

第一四章　魔法の飲料

彼は言った。「そうじゃない。さあ、きわめて簡単だ。私が欲しいのは、……お茶が一杯。私のために一杯いれておくれ。黙って聞いて欲しい。」そして彼は腰掛けた。彼はニュートリマティック機にインドのこと、中国のこと、セイロンのことを話してやった。大きな茶葉が陽に干されているところも話した。銀のティーポットのことも話した。芝生の上で過ごす夏の午後のことも販売機に話してやった。火傷しないように茶の前にミルクを注ぐことについても話した。手短にではあるが、東インド会社の歴史についてまでも話してやった。

「それですね？」と彼が話を終えるとニュートリマティックが言った。

「そう、私が欲しいのはそれなんだ。」とアーサー。

「乾燥葉が沸騰した湯に入っている味が欲しいのですな？」

「うーん、そういうことだ。ミルクもいれて。」

「牛から噴出させたやつですね？」

「えーっと、言い方について私が思うに……」


（ダグラス・アダムズ『ヒッチハイクする人の銀河案内[1]』）

ここに記してきた茶とその影響の歴史で、正負のふたつの主な鎖は常に絡み合っている。茶が広まり飲まれる様子を語る世界規模の歴史が語るのは、茶の並外れた成功と効果だった。成功はまさに起源に由来する。世界でも最も植物が豊かで競争の激しい東ヒマラヤの生態系で生き残るために、植物は非常に優れた「攻撃」と「守備」の武器を発達させなければならなかった。種子や実で繁殖する種《しゅ》であるなら、鳥や猿などの哺乳類にとって魅力的で、タネを食べて運んでいってもらわなければならなかった。あまりにもたくさんの食べられる葉や実があったので、植物が進化の厳しさを乗り越えるためには、ただ美味しいだけではだめだった。さらなる魅力が必要だった。ツバキ科の茶の場合、主たる魅力はカフェインだっただろう。これを食べた多くの種の身体と脳の両方に心地よさを与える、他では珍しい二重の効果を持っている。

他の大陸の湿気に富んだ競争の激しい密林では、南アメリカのカカオやマテの木がカフェインをうまく利用するのに成功し、中東の砂漠の困難な生態系ではコーヒーの木も同様だった。繁殖の仲介者を引き付けるものとしてカフェインはさまざまな植物で発展したがこれはもちろん植物の中で他の役割をもたないということではない。このアルカロイドは植物の成長に必要なたんぱく質を形成するのを助けるはたらきがある。これは、分子の分解で起こると論じられることもある。茶葉にこんなに多く含まれるカフェインの生物学的役割が正確に何であるのかということが依然として多くの人を悩ませているという事実そのものが、多くの理由で選ばれたという考えを支持することになろう。

生存競争で茶樹にはまだ他にも問題があった。特に傷ついたとき、きのこやさまざまなバクテリアなど捕食性微生物に対する防衛をどう改善するかということだ。樹木は「没食子」を含むさまざまなタンニンなど抗菌・菌性化学物質を樹皮に発達させた。こういったものを人間はよく薬として使っている。コーヒー豆やカカオ豆は堅い外皮で保護した。中の豆はこのような凝った防衛を盛り込まなくてよかった。茶とブドウはこの道をとらず、かわりに何百年もの間に別の解決法を発達させた。ブドウは皮に、茶樹は緑の葉のつやつやした表面に、ある種の物質を生じさせて、これが襲ってくる微生物に対する楯となった。

この化学物質は捕食性バクテリア、アメーバ、さび、カビ、その他寄生生物のなかのある種ものを死滅させる。防御を破られ進入されて、茶樹は多くの害虫、菌類、サビ病、カビの餌食になるが、概して成功をおさめた。たとえばコーヒーやジャガイモやブドウと違って、「茶業は深刻な病気による壊滅的打撃を受けたことがない」ということに注意が向けられている。後に、茶葉を揉むことによりつぶされた茶葉から殺菌性をもつ化学物質が放出されるために、人間が偶然抗菌作用を増加させることになる。(2)

茶葉の重量の約四〇パーセントはタンニン（フェノール成分）などの化学物質で占められる。フェノール成分というのはこれまで人間が発見している抗菌性物質のなかでも最も強力で広範囲に存在するものである。他にも例はあるが、たとえばジョゼフ・リスターが一九世紀後半に病院の消毒を行い、手術が安全に行われるようにするのに使ったのがこの消毒物質だった。そこで茶は（ブドウも）表面に非常に強力な防御システムを発達させたということがわかる。

防御機能であるとともに、茶葉のこの強力な消毒性は誘引材料としても有益だっただろう。猿は、自分の健康とある種の植物を結びつける能力をもっているとかなり前から言われている。怪我や感染のときに、茶葉を噛んで、唾液に噛んだ葉が混ざったものを傷に塗ると治癒し易いことを猿は学んだ。もっと間接的な方法で、これが関与した進化が働いたと言ってもいいかもしれない。茶葉が口中や腹中の有害なバクテリアを死滅させるので、それにまたカフェインの刺激効果のためにより敏捷で上手く生きられるので、茶を食べた猿はより健康でより生存競争に適していたであろう。人間が登場するずっと前に猿と茶の間には共益関係ができていた。

まず猿たちは茶をアッサム、ビルマ、中国南西部の密林へと広げた。部族民や交易者がその利用を発見した。彼らが地球上最大の帝国、中国の住民に茶を知らしめた。世界の人口の半分以上を成す東アジアの地域に茶が定着し、宗教、経済、美学、工芸、社会を変質させ、中国及び日本の文明の開花を伴った。茶は破壊や侵略ももたらした。モンゴル人と満州人の手にあって、茶はロシアのかなりの部分、イスラム帝国、中国の征服に貢献した。それでも一七世紀までは、ほぼモンゴルが制覇した地域だけで摂取されていた。新大陸、アフリカ、インド、西欧では茶は飲まれていなかった。

一六〇〇年から一九〇〇年の間にまず西欧と中東とロシアに広まり、主に大英帝国を通して赤道地帯に植えられ始めた。アジア西方（インド、イスラム社会、ロシア、ヨーロッパ）のインド・ヨーロッパ系の人々及び大英帝国の新側枝（カナダ、オーストラリア、アメリカ）の人々が飲み始めた。

正の効果と考えられるものと並べて巨大な環境及び人的犠牲を見なくてはならない。西洋では茶と砂糖には工場や鉱山での被搾取労働が伴った。さらにひどいのは、茶園の何十万人もの労働者の搾取だった。これは茶農園経営者や株主が巨万の富を得ていたことでなおさら忌まわしかった。

諸帝国の盛衰への茶の影響の是非についても同じように複雑だ。茶は中国、日本、イギリスの興隆に重要な役割を果たした。一方、この新たな帝国はそれぞれ、市民や植民地従属民だけでなく隣国から大きな犠牲を強いた。たとえば中国の場合、宋及び唐文明の栄光を推進するのに役立ったが、あとになるとイギリスによる征服で応報ということになった。同様にイギリスについては、恩恵は、茶が促進した産業主義の弊害、そしてアッサム略奪を含めて、茶がインドで形成するのを助けた帝国の弊害と対置して考えなくてはならない。

ここ二〇年以上にわたり、少なくともいくつかの茶園の状況は改善している。さらに、利益すべてが国から持ち去られてイギリスや他の西洋諸国に行ってしまうというひどい搾取は今ではあまり聞かれなくなった。独立後、アッサムの農園はインド人経営者に引き継がれ、主にインド人の茶会社が所有している。

歴史上、人間は最も成功した大捕食者である。地球上のほかの種《しゅ》のほとんどを食べ、自分たちのために奴隷状態にする。それでも人間には恐ろしい敵がいる。これは進化の適性上、人間より優れている。微生物は小さすぎて人間の目には見えず、ものすごい速さで増殖することができる。原生動物類、アメーバ、ウイルス、そしてとりわけバクテリアが人体や地球表面にぎっしり存在している。

人類の歴史を通じて、一四〇年前までは、人類は微生物の影響に気づいているだけだった。一七世紀後半以来の初期顕微鏡で限られたものが見えたことを除けば、人々はこの見えない王国の働きを見ることも理解することもできなかった。それで危険な微生物に対抗する努力は概ね効果がなかった。人間社会の経済的あるいは生産的成功は、人口過密と集中をもたらし、微生物の増殖を早める機会も向上させるという事実で問題は複雑化した。人間の成功が、多くの方法で伝播されるバクテリアを、常に巨大化する脅威にした。

進化の速度が遅く、比較的大きくて攻撃されやすいので、人間はさまざまなものに頼って自衛している。これは他の哺乳類にもあてはまる免疫システムを含む。他の動物と違うのは、ふたつの特別な能力である。ひとつは世界についての確かな知識を生み出し、たくわえ、伝え合うことができる能力である。もう一つは、この知識を現存する資源の方向性を決めたり、新しい道具を発明することに使うことができることである。

ところが、バクテリア対抗戦ではパスツールやコッホたちが地歩を確立する一八七〇年代までは敵を見る方法がなかった。それで病気を克服する技術は運任せだった。こういう病気と闘うための十分な知識と技術を生み出す水準に達するためには、すでに科学的産業的文明があることが必要条件だった。通常のバクテリア繁殖を釘付けにすればそこではじめてそのような革命が起きただろう。敵が不可視でよくわからないという場合、これがどうやって起きるというのか。出口のない悪循環に思われた。

何百万年にもわたって、植物、動物、バクテリアの間で同じような闘争が世界では起こっていた。突然変異あるいは不規則変異で、それに続いて成功をおさめた戦略を選択的に保持して、植物や動物は栄えた。ホモ・サピエンスが現れたとき、この種は積み重ねられた試行錯誤と有益な結果の継承者となった。男と女は、自分たちのまわりの多種の植物を生活に適応させ動物を飼いならして、すでに生きる方法を作り進化していたさまざまな種を利用し、人間の文明を構築した。

食べるために多くの植物と動物を栽培飼育することは概ね実際の目標を想定して企てられて、恩恵は普通明白で即座にもたらされるものだった。人が腹ペコで弱って疲れているとしよう。草、果実、葉を食べてその味を享受し、満たされて元気になる。これは目にみえて人によくわかる。一方、微生物との闘いでは敵がどこに潜んでいるのかはっきりしなかった。病気や死は、霊や魔女や祖先や神によって運ばれるもの、あるいは星に書き込まれていることだった。小さな物体が群がる世界は見えなかった。

微生物疾患と戦うテクノロジーは突然変異や選択的保持に頼らねばならなかったはずだ。植物を食べたり隔離するなどある種の行動と健康の間の関係に人間は気づき始めた。もっと大きなレベルでは偶然正しい関連付けをして、それを選択的に保持した人々が栄え、長い闘争を勝ち抜くだろう。

このように多くの有益な植物や物質が注目された。東西医学の薬種に挙げられている多くの薬草が正真正銘効果をもっていることが最近の研究で明らかになっている。あるものは、たとえばキニーネなどはすぐによく知られるようになった。[3] 多くは長い時間をかけて発達した。たとえば、イラクサの刺し傷を癒すルメクスの葉や鬱病を緩和するというセント・ジョンズ・ウォートや多くの病にヤクヨウニンジンなどである。しかしその多くが治療に使われ、薬草療法は病気の予防はほとんどもたらさなかった。自然が生み出し、大量に生産できるように適応し栽培できる強力なバクテリアキラーが必要だった。

歴史上それを満たし、少なくともほぼ普遍的にいきわたった植物はたったひとつしかない。茶は抗菌性物質を適切に取り混ぜて含んでいるだけでなく、歴史上最も好まれ広範に広まる健康増進植物となるような誘引物も含んでいた。偶然に発見され、あらゆる理由から使われるようになって、茶が病気に対抗する最も重要な防御策の一つを人間に与えてくれたことが今になって少しわかり始めたところである。

飲み水の汚染問題は、水質検査が可能になり安全な飲み水をパイプで送ることができるようになった一八七〇年以降の約百年で、発展しつつあった社会では解決された。しかしこれはごく最近の現象であって、ヨーロッパの中でさえどこででも可能になったわけではないことはよく知られている。スペイン、イタリア、ギリシャ、フランスでさえも、水道水は危ないので避けるようにと、一九六〇年代から七〇年代に休暇を過ごしたアメリカ人やイギリス人が聞かされていたことを、多くの人がいまだに思い出す。北ヨーロッパの数か国とアメリカだけが比較的安全だった。今は、概して先進国は安全な水道をもつ。

一方、水と健康をめぐる最近の番組によれば、世界の約六分の一にあたる約一一億人が安全な飲み水を得られない。アフリカとアジアの広い地域で一番近い給水地点は平均して六キロ先にあり、そこから毎日あるいは一日おきに一〇キロから一六キロの水を人々（多くの場合女性）は運ばなければならない。この水は安全でないことが多い。世界の四割の住民が適切な公衆衛生に与っていない事実とあわせると、これは飲料水媒介感染症による多くの人の体調不良や死につながっている。同じ番組が、世界の病床の半分が飲料水媒介感染症患者で占められており、飲料水媒介感染症で一五秒に一人の子ども（その多くは乳幼児）が死亡していると申し立てた。(4)

問題はまだ続いている。ますます混みあう世界に住んでいる人々、急速に拡大する第三世界の都市にしばしば住んでいる人間は、水がひどく汚染され、生乳が安全でなく、たいていの人にはいきわたらないときに、どうやって毎日平均二パイントの安全な水分を摂取するべきか。コーヒー、ココア、ワイン、ウイスキー、酒など多くの飲料がこれまでみてきたように不適切であるか高価すぎる。水が安全になるまで選択肢はたった一つしかない。東アジアの人々が長い時間をかけて見つけてきた茶を飲むことだ。

茶には大きな欠点がひとつある。それ自体普通は比較的安価で茶葉は再使用もできるが、沸騰した湯が必要なことだ。普通、木などの燃料を使って湯を沸かさなければならない。第三世界の人々が必要とするエネルギーの半分が料理と暖房のための燃料になり、これは一家の富の枯渇原因である。茶のために湯をわかさなければならないことはこの費用に拍車をかける。

けれども、茶を飲むこと以外に方法は考えられない。中国、日本、インド、東南アジアに住んでいる世界人口の三分の二の人々が突然茶を失ったら（たとえば、アイルランドのジャガイモやフランスのブドウに起こったのと同じような胴枯れ病に茶が襲われたら）、死亡率がはねあがるだろう。多くの都市が破滅し、乳幼児大量死亡がおこるだろう。大惨事だ。

であるから、世界の貧しい人々の状況を改善することに関心をもつ政府や慈善団体は、粉末茶あるいは茶の配布を促進する可能性を検討するのも悪くないと提案しても理不尽ではないであろう。同時に、この活力を与え社会生活を促し健康によい飲料が最低限の燃料の使用で作れるようにする方法を調査すべきだ。歴史は繰り返すものであるならば、この行動が、提供することができる他のどんな

「薬」よりも、より多くの命を救い、より多くの幸福をつくりあげるだろう。また、この並外れた薬を提供している茶園労働者があらゆる点でもっと正当な報酬を得られるようにするため、茶を生産する農園の不備は調査を必要としている。

今日、清潔な水が得られる水道と他の飲料を購入する富をもつ先進工業国では、飲料水媒介感染症は概ねみられなくなった。ここから茶の健康推進特性は、その役割を終えたと結論することもできるかもしれない。私たちの世界がこうあるのは茶のおかげだ。けれども、現在茶は主に疲労回復剤であって、もはや薬ではないのだろうか。

産業都市国家では、主な死因は中高年疾病で、特にさまざまな種類の癌、心臓病（冠状動脈疾患）、脳に関わる病気（脳卒中など）である。茶樹が進化の過程で発達させてきた戦略は、まったくの偶然でこうした病気に関しても有益な物質を培ったことが指摘され始めている。茶葉の多くを占める複雑なポリフェノールとフラボノイドの一群に、抗菌性及び抗真菌性物質だけでなく、抗酸化物質、ビタミン、その他の化学物質が含まれている。その特質と効能については依然としてよくわかっていないことが多いが、研究と実験が進み、茶が安全な飲み物を作る以上の特性をもっていることが言われるようになってきている。多くの変性疾患が、茶を飲むことで緩和されるようであるし、研究がそれを示唆し始めている。

人類の健康と創造性と幸福の大半がこの控えめな緑の木から生まれている。この葉の生産、運搬、競売、広告、販売を行う巨大産業が現れ、地球上の多くの国を掌握している。茶は世界人口の四分の三にのぼる人々に一日に必要な水分の多くを与えている。

何百万もの人々の人生を悪くないものに、あるいは楽しいものにしているのがこの植物である。富める者は香りの良い茶を楽しみ社交を楽しむ。貧しい人々は茶の助けを借りて工場や鉱山や農園や畑での一日を乗り切ることができる。茶がなければ、はるかに多くの子どもが死んでいたであろうし、疲れきった心身はどうにかやっていくのがもっと困難だっただろう。

とはいっても、労働者以外を富ませる「緑の黄金」を作り出すために、何百万もの茶園労働者が苦しみ、人間としての尊厳を踏みにじられた。こんなに無垢で温和な茶色あるいは緑の液体の背後にあるもののことを考えると驚くばかりだ。茶を「魔法の飲料」と描写したド・クインシーの言葉は言い得て妙というわけだ。

訳者あとがき

茶については、すでにさまざまな類の書物が出版され、論文が公開され、新聞や雑誌記事が書かれている。熱意をもった専門家たちの力のこもった中国茶の本、日本茶に関する論文、茶道の指南書、紅茶を扱った記事、それぞれに楽しんで読み、個々の茶に関する知識を得ることができるが、少し違った角度から広く見渡し、そして細部をみつめてみたい欲求を本書は満たしてくれると思う。

茶は面白そうだということは、イギリスのことを少しでも学んだことがある人も、日本茶の歴史に興味がある人も、茶道を嗜む人も、中国茶に魅入られている人も、単にお茶というものが好きな人も、多くの人が共有するだろう。また、一九九〇年代からの茶の復権――それ以前に炭酸飲料を有難がった誰がそれを予想したであろうか――をみても、新たに関心を向けるに値する飲み物であることがわかる。けれども、たとえば大学生が茶のことを知りたいと思ったときに窮してしまう。栽培や土壌に焦点を絞った専門書などがある。各流派の作法書を含めて趣味の本は山ほどある。これはこれで大きな深い世界を開いてくれそうだ。けれども、ある程度学問的な記述を求める大学生や、深く広く知識を得たいと思っている一般の人々が読んで面白いものがなかなか見つからないというのが現状である。個人的体験や嗜好・趣味の話だけでは物足りなく思っている読者が多いであろう。

一方で、茶を帝国や植民地の歴史の一部としてとらえると、特にイギリスの帝国植民地政策の根幹を支えていたのは茶であるという立場をとると、茶の歴史は、侵攻と人種差別や不当な労働と搾取の歴史である。この暗い側面をどのように扱うかという問題に、本書はひとつの答えを与えている。アラン・マクファーレンとアイリス・マクファーレンによる本書では、茶に関して、歴史・政治・文化的側面と個人的体験が見事に調和をとっている。個人的体験や想いと、地理的時間的な広がりをもった総括的見解の共存とバランスが本書の一番の強味である。アイリス・マクファーレンは、アッサムの大農園主の妻としての自分の体験と奮闘を語り、アラン・マクファーレンは、幼い頃を特権階級の坊ちゃんとして過ごした記憶をたぐりながら、明確な視点を示し、広い視野をとって分析していこうと努める。茶をめぐる、植民地やイギリス本国での歴史が、個人的体験の視点から、ノスタルジアと罪悪感と憧憬と痛みそして正当化の欲求をもって語られる。読者は、広い視野と冷静な分析力とパーソナルな想いを読むことになり、茶の歴史だけでなく、帝国主義、更にはもっと一般的にみて、世界規模の貿易の歴史や文化、そのなかでの人々の生活について想いを馳せることになるであろう。

「茶の帝国」は、茶を獲得するために、あるいは茶を利用して、人がつくった帝国というよりも、茶が主体となった世界征服帝国として描かれる。茶葉は、植物として生き延びるために優位を確保する形質を獲得し、その風味と薬効で人を虜にして、人にそうとは知られぬままに人間の都市文明を支え、世界飲料となった。みたところ何でもなさそうな緑の葉が千金の価値にも匹敵するような影響を実は人類の歴史に及ぼしている。最近では茶が健康ブームの一端を担って効能に関する言説に多くの人が慣れっこになってしまっているけれども、いかにも貴重そうな神々しいばかりの物品ではなくて、生えている、植えられている、あるいは人々の生活に根付いている日常的物品が、大きな器量をもっているという意外性にもう一度気づき直してもいいだろう。美味しい飲料が健康に良いというできすぎた話であるが、それがまた個々の人の身体の福祉に貢献しているだけではなくて、広く社会的、全世界的に大きな意味をもっていると考えるのはなんとも楽しいことだ。茶の帝国の被支配者になっているとしても、支配を嬉々として受けていたくなるだろう。描かれる茶の帝国の背後に、本書の著者アラン・マクファーレンの茶への愛情、それも単なる愛飲家としてだけではなく、生産場面に過去に直接関わった家族をもち、その場で育った人物としての自分と一族の過去への複雑な思いに包まれた愛情、そして研究者としての熱意が感じられるからだ。

彼は、ケンブリッジ大学、社会人類学科教授で、歴史学、社会人類学の分野で顕著な活躍をしており、数多くの優れた著書・論文を発表している。日本語版への序で彼が述べているように、謎を解く鍵を日本滞在が提供したとは、何と喜ばしいことか。日本の読者としては、それにもまして、アッサムの茶園での生活や、近年のインドの状況、それに、個人の善意と強大な帝国や会社との関係に興味が尽きない。

この書物を知るきっかけを私に与え、いつも優しく応援してくださった大学時代からの先輩、イギリスの茶を専門にされている滝口明子先生に、第一に心から感謝を申し上げたい。また、中国語の英語表記で悪戦苦闘している私に救いの手を差し伸べてくれたのは、静岡大学同僚の今井敬子先生、埋田重夫先生、そして英米コースの学生である宋春梅さんだった。葉桐清一郎氏と谷本勇氏が疑問の解決に力を借してくださった。最終段階の混沌状態からは、山田祐紀恵さんに助け出された。皆さんにお礼を申し上げたい。いつも応援してくれる晃仁と佳那子にも、ありがとう。本書の著者マクファーレン先生には、この本を読むことも、翻訳することも、すべて喜びであり光栄であったことをお伝えする。翻訳してみたいという突然のどこの誰からともわからないようなメールから始まって、折々の質問を含めたメールに丁寧にお答えくださり、お忙しい著者から常に即座に返信をいただける訳者の幸運を存分に享受した。そして常によき理解者として勇気を与えてくださる知泉書館の小山光夫社長への感謝は言い尽くすことができないが、少しでも質の高い仕事をしていくことが御礼になると信じている。

鈴木　実佳（すずき・みか）
1962年生，東京大学大学院総合文化研究科博士課程単位取得満期退学，Ph. D.（ロンドン大学），静岡大学人文学部助教授。

〔茶の帝国〕　ISBN978-4-86285-003-4

2007年3月 5 日　第1刷印刷
2007年3月10日　第1刷発行

訳　者　鈴　木　実　佳
発行者　小　山　光　夫
製　版　野口ビリケン堂

発行所　〒113-0033　東京都文京区本郷1-13-2
電話03(3814)6161　振替00120-6-117170
http://www.chisen.co.jp
株式会社　知泉書館

Printed in Japan　印刷・製本／藤原印刷

人 名 索 引

事 項 索 引

マ・ヤ　行

ラ・ワ　行

文　献

ネット上で見られる補足資料

本書で扱った事項の多くについて，ウエブサイト（www. alanmacfarlane. com/tea）内に設けたページでより詳しく扱っている。

たとえば，

茶—2002年10月南インドの光景。

最近の茶栽培製造法。

茶の健康効果。

ネット上で読める茶の医療効果に関する報告。

（ブロードバンド接続を使っている人向けには）茶製造の様子の映像や茶関連事項についてインタビュー映像も載せている。

文書資料など

Chapter 7 'Green Gold': India Office Tracts, vol.320 for Charles Bruce's account. Copies of papers received 22 February 1839, HMSO. For Tea Committee, sf / A30. B7E 39, 63 in St Andrew's University Library, Scotland.

Chapter 8 'Tea Mania' : The Carnegie letters are in the India Office Library at the British Library, MSS / EUR / C682. The report on coolie immigration is at the same F / 174 / 968.

Chapter 11 'Tea Labour' : Reports on all the Commissions of Enquiry are to be found at the India Office Library, British Library, in MSS / EUR / F174. Of special interest are those of Rege（1006）, Desphende（1007）, Lloyd Jones（1008）, TUC（1036）, Cotton（589, 597, 1165）, Dowding（970）, Royal Commission（1030）, Shadow Force（1313）, Report on Emigrants（968）. Henry Cotton's Scrapbook is in MSS / HOME / Misc / D1202.

上記のなかには次の書物所収の書簡もある。*The Colonization of Waste-Lands in Assam, being a reprint of the official correspondence between the Government of India and the Chief Commissioner of Assam.*（Calcutta, 1899）

図書，雑誌論文など

（特に示した場合を除き，出版地はすべてロンドンである。）

Allen, Stewart L., *The Devil's Cup: Coffee, the Driving Force in History*（1999）

Antrobus, A. A. *History of the Assam Company*（1957）

Arnold, Sir Edwin, *Seas and Lands*（1895）

Baildon, Samuel, *Tea Industry in India*（1882）

Bailey, F. M., *China, Tibet, Assam*（1945）

Bald, Claud, *Indian Tea*（1940）

Ball, Samuel, *An Account of the Cultivation and Manufacture of Tea in China*（1848）

Bannerjee, Sara, *The Tea Planter's Daughter*（1988）

Barker, G. A., *A Tea Planter's Life in Assam*（1884）

Barpujari, H. K., *Assam in the Days of the Company*（1980）

Barua, B. K., *A Cultural History of Assam*（1951）

Bird, Isabella, *The Yangtze Valley and Beyond*（1899; Virago reprint 1995）

Black, William, *An Arithmetical and Medical Analysis of the Diseases and Mortality of the Human Species*（1789）

Bowers, John Z., *Western Medical Pioneers in Feudal Japan*（Baltimore, 1970）（ジョン・Z・バワーズ，金久卓也・鹿島友義訳『日本における西洋医学の先駆者たち』東京：慶応大学出版会，1998）

Bramah, Edward, *Tea & Coffee: a Modern View of Three Hundred Years of Tradition*（1972）

Brand, Dr Van Someren le（ed.）, *Les Grandes Cultures du Monde*（Flammarion, Paris, early twentieth century）

Braudel, Fernand, *The Structures of Everyday Life*（1981）（フェルナン・ブローデル，村上光彦訳『日常性の構造』東京：みすず書房，1985）

Breeman, J., *Taming the Coolie Beast*（Oxford, 1989）

Brewer, John and Porter, Roy（eds）, *Consumption and the World of Goods*

(1993)

Brown, Peter B., *In Praise of Hot Liquors: The Study of Chocolate,Coffee and Tea-Drinking 1600-1850* (1996)

Burgess, Anthony (preface), *The Book of Tea* (Flammarion, no date, by various authors)

Burnett, John, *Liquid Pleasures: A Social History of Drinks in Modern Britain* (1999)

Cambridge History of Japan, Vol.Ⅲ, 'Medieval Japan', ed. Kozo Yamamura, Cambridge University Press, 1990

Chamberlain, Basil Hall, *Japanese Things: Being Notes on Various Subjects Connected with Japan* (Tokyo, 1971)

Chambers Encyclopaedia, 1966,'Tea'

Chatterjee, Piya, *A Time for Tea: Women, Labor, and Post / Colonial Politics on an Indian Plantation* (2001)

Clarence-Smith, William Gervase, *Cocoa and Chocolate, 1765-1914* (2000)

Cotton, Henry, *Indian and Home Memories* (1911)

Cranmer-Byng, J. L. (ed.) *An Embassy to China: Being the journal kept by Lord Macartney during his embassy to the Emperor Ch'ien-lung 1793-4* (1962)

Crole, David, *Tea* (1897)

Daily Telegraph and Morning Post supplement, 28 February 1938.'Empire Tea', various articles

Das, R. K., *Plantations Labour in India* (1931)

Davis, Dorothy, *A History of Shopping* (1966)

Davis, John Francis, *The Chinese: a General description of China and its Inhabitants* (1840)

Drummond, J. C. and Wilbraham, Anne, *The Englishman's Food, a History of Five Centuries of English Diet* (revised edn, 1969)

Dyer Ball, J., *Things Chinese* (1903; reprint Singapore, 1989)

Earle, Peter, *The Making of the English Middle Class* (1989)

Encyclopaedia Britannica, 11th edition, 1910-11

Ferguson, Sheila, *Drink*（1975）

Forrest, Denys, *Tea for the British: The Social and Economic History of a Famous Trade*（1973）

Fortune, Robert, *Three Years' Wanderings in the Northern Provinces of China*（1847）

———, *The Tea Districts of China and India*（1853）

Frederic, Louis, *Daily Life in Japan, at the time of the Samurai, 1185-1603*（1972）

Gardella, Robert, *Harvesting Mountains: Fujian and the China Tea Trade, 1757-1937*（1994）

George, M. Dorothy, 'Some Causes of the Increase of Populationin the Eighteenth Century as Illustrated by London', *Economic Journal*, vol. xxxii, 1922

———, *London Life in the Eighteenth Century*（1965）

Goodman, Jordan, Lovejoy, Paul and Sherratt, Andrew（eds.）, *Consuming Habits: Drugs in History and Anthropology*（1995）

Goodman, Jordan, 'Excitantia, or, How Enlightenment Europe took to soft drugs' in Goodman et. al. above.

Goodwin, Jason, *The Gunpowder Gardens: Travels through India and China in search of Tea*（1990）

Gordon Cumming, C. E, *Wanderings in China*（Edinburgh, 1900）

Griffis, W. E., *The Mikado's Empire*（10th edn, New York, 1903）（第二部の翻訳　W. E. グリフィス，山下英一訳『明治日本体験記』東洋文庫430 東京：平凡社，1984）

Griffiths, Sir Percival, *The History of the Indian Tea Industry*（1967）

Grove, Richard, *Green Imperialism*（Cambridge, 1995）

Guha, A., *Planter-Raj to Swaraj:freedom struggle and electoral politics in Assam 1826-1947*（Delhi, 1977）

Hammitzsch, Horst, *Zen in the Art of the Tea Ceremony*（Tisbury, Wiltshire, 1979）

Hann, C. M. *Tea and the domestication of the Turkish State*（Huntingdon, 1990）

Hara, Y, 'Prophylactic functions of tea polyphenols', *Health and Tea Convention*, Colombo, 1992

Hardy, Serena, *The Tea Book*（Whittet Books, Surrey, 1979）

Harler, C. R., *The Culture and Marketing of Tea*（Oxford, 1958）

Hazarika, Sanjoy, *Strangers of the Mist: Tales of War and Peace from India's Northeast*（1994）

Heberden, William, *Observations on the Increase and Decrease of Different Diseases, and Particularly the Plague*（1801）

Hobhouse, Henry, *Seeds of Change: Six plants that transformed mankind*（1987, 1999）（ヘンリー・ホブハウス，阿部三樹夫・森仁史訳『歴史を変えた種—人間の歴史を創った5つの植物』東京：パーソナルメディア，1987）

Hylton, William H.（ed.）, *The Rodale Herb Book*（Rodale Press, Emmaus, Pa., 1974）

Kaempfer, Engelbert, *The History of Japan*（1727; 1993 reprint, Curzon Press）, tr. J. G. Scheuchzer, 1906（エンゲルベルト・ケンペル，今井正訳『日本誌—— 日本の歴史と紀行』改訂・増補　加藤敏雄，東京：霞ヶ関出版，1996）

Kaisen, Iguchi, *Tea Ceremony*（Osaka, 1990）

King, F. H., *Farmers of Forty Centuries, or Permanent Agriculture in China, Korea and Japan*（1911）（F. H. キング，杉本俊朗訳『東亜四千年の農民』栗田書店，1944）

Kiple, Kenneth E. and Ornelas, K. C.（eds）, *Cambridge World History of Food*（Cambridge, 2000）, vol. 1, 'Tea', pp.712-19（by John Weisburger and James Comer）

Kowaleski-Wallace, Elizabeth, *Consuming Subjects:Women, Shopping and Business in the Eighteenth-Century*（New York, 1997）

Lettsom, John Coakley, *The Natural History of the Tea-Tree, with Observations on the Medical Qualities of Tea.*（1772）（ジョン・コークレー・レットサム，滝口明子訳『茶の博物誌：茶樹と喫茶についての考察』東京：講談社学術文庫，2002）

Ling, Tiong Hung and Nancy T., *Green Ten and its Amazing Health Benefits* (Longevity Press, Houston, Texas, 2000)

Lu Yu, *The Classic of Tea: Origins and Rituals* (New Jersey, 1974), translated and introduced by Francis Ross Carpenter

Macfarlane, Alan, *The Savage Wars of Peace: England, Japan and the Malthusian Trap* (Blackwell 1997; Palgrave, 2002)(アラン・マクファーレン，船曳建夫監訳，北川文美・江藤正子・山下淑美訳『イギリスと日本：マルサスの罠から近代への跳躍』東京：新曜社，1997)

Macartney *Embassy to China,* see Cranmer-Byng

Maclean, Sarah, *Etiquette and Good Manners* (1962)

Maitland, P. J., *Detailed Report of the Naga Hills Expedition of 1879-80* (Simla, 1880)

Mann, Harold, T*he Social Framework of Agriculture* (1968), chapters 6, 33, 34

Marks, V., 'Physiological and clinical effects of tea' in *Tea: Cultivation to Consumption* (1992), eds. K. C. Willson and M. N. Clifford

Marshall, Dorothy, *English People in the Eighteenth Century* (1956)

Messenger, Betty, *The Complete Guide to Etiquette* (1966)

Mintz, Sidney W., *Sweetness and Power: the Place of Sugar in Modern History* (1985)

———, 'The changing roles of food in the study of consumption', in Brewer and Porter above

Money, Lt-Col. Edward, *The Cultivation and Manufacture of Tea* (3rd edn, 1878)

Morse, Edward S., *Japan Day by Day: 1877, 1878-9, 1882-83* (Tokyo, 1936)(E・S・モース，石川欣一訳『日本その日その日』1・2・3　東洋文庫171・172・179，東京：平凡社，1970~1971)

———, *Japanese Homes and Their Surroundings* (1886; New York, 1961)(E・S・モース，斉藤正二，藤本周一共訳『日本人の住まい』八坂書房，1991)

———, 'Latrines of the East', *American Architect and Building News*, vol. xxxix, no.899, 170-4 (1893)

Okakura, Kakuzo, *The Book of Tea*（Tokyo, 1989）（岡倉覚三，桶谷秀昭『茶の本：英文収録』東京：講談社，1994）（岡倉天心，亀井勝一郎・宮川寅雄編『岡倉天心集』東京：筑摩書房，1968）

Ovington, J., *An Essay upon the Nature and Qualities of Tea*（R. Roberts, 1699）

Place, Francis, *Illustrations and Proofs of the Principle of Population*（1822; George Allen and Unwin reprint, 1967）

Pilcher, A. H., *Navvies of the 14th Army*（unpublished account, copies in the South Asian Studies Library, Cambridge and the Indian Tea Association Records, India Office Library, F / 174; it is quoted at some length in Percival Griffiths, op. cit.）

Porter, Roy and Dorothy, *In Sickness and in Health*（1988）

Reade, A. Arthur, *Tea and Tea-Drinking*（1884）

Rochefoucauld, François de la, *A Frenchman in England 1784,* ed. Jean Marchand（1933）

Scidmore, Eliza R., *Jinrikisha Days in Japan*（New York, 1891）（エリザ・R・シドモア，外崎克久訳『シドモア日本紀行：明治の人力車ツアー』東京：講談社，2002）

Schivelbusch, Wolfgang, *Tastes of Paradise*（New York, Vintage, 1992）

Scott, J. M., *The Tea Story*（1964）

Short, Thomas, *A Dissertation Upon Tea*（1730）

———, *A Comparative History of the Increase and Decrease of Mankind*（1767）

Sigmond, G. G., Tea: *Its Effects, Medicinal and Moral*（1839）

Smith, Woodruff D., 'Complications of the Commonplace: Tea, Sugar, and Imperialism', *Journal of Interdisciplinary History*, XXIII: 2（Autumn 1992）, 259-78

———, 'From Coffeehouse to Parlour; the consumption of coffee, tea and sugar in north-western Europe in the seventeenth and eighteenth centuries' in Goodman et. al.（see above）

Stables, W. Gordon, *Tea: the Drink of Pleasure and Health*（1883）

Stagg, Geoffrey V. and Millin, David J., 'The Nutritional and Therapeutic Value of Tea - A Review', *Journal of the Science of Food and Agriculture*, 1975, 26,

1439-59

Sumner, John, *A Popular Treatise on Tea: its Qualities and Effects*（1863）

Talmage, Thomas de Witt, Around the Tea-Table（1879）

Teatech 1993, *Proceedings of the International Symposium on Tea Science and Human Health, Tea Research Association,India*, 1993, various papers

Troubridge, Lady, *The Book of Etiquette*, 2 volumes（1926）

Tyson, G., *Forgotten Frontier*（1945）

Ukers, William H., *All About Tea*, 2 volumes（New York, 1935）（日本関連章翻訳，ウィリアム・H・ユーカース　鈴木実佳監訳，静岡大学 ALL ABOUT TEA 研究会訳『日本茶文化大全』東京：知泉書館，2006）

Weinberg, Bennet A., and Bealer, Bonnie, K., *The World of Caffeine: The Science and Culture of the Worlds Most Popular Drink*（2001）

Weisburger, John H. and Comer, James, 'Tea' in Kenneth F. Kiple and K. C. Ornelas（eds）, *The Cambridge World History of Food*（Cambridge 2000）

Williams, S. Wells, *The Middle Kingdom*, 2 volumes（1883）

Wilson, Ernest Henry, *A Naturalist in Western China: with Vasculum, camera, and Gun*（1913）

Wilson, Francesca M.（ed.）, *Strange Island: Britain through Foreign Eyes 1395-1940*（1955）

雑　誌

Economic and Social History Review, 4 & 5; *Assam Review andTea News; Economic and Political Weekly*, 2 & 22 （Assam Company）; *Journal of Calcutta Tea Trader's Association; Journal of the Asiatic Society*（Bruce）; *Journal of the Agricultural and Horticultural Societies*, vols. 1, 10, 35; *Bengal Economic Journal 1918（Mann）, Englishman's Overland Mail*, 1860; *Planting Opinion*（from 1896）

和　書

相松義男『紅茶と日本茶　茶産業の日英比較と歴史的背景』恒文社，1985.

浅田實『東インド会社　巨大商業資本の盛衰』講談社現代新書，講談社，1989.
小西四郎・押切隆世・大橋悦子・田辺悟『モースの見た日本』小学館，1988.
小林章夫『コーヒー・ハウス：18世紀ロンドン，都市の生活史』講談社，2000.
科野孝蔵『栄光から崩壊へ：オランダ東インド会社盛衰史』同文舘出版，1993.
滝口明子『英国紅茶論争』講談社，1996.
棚橋篁峰『中国茶文化』京都：紫翠会出版，2006.
角山栄『茶の世界史：緑茶の文化と紅茶の社会』中央公論社，1980.
浜渦哲雄『世界最強の商社：イギリス東インド会社のコーポレートガバナンス』日本経済評論社，2001.
———，『大英帝国インド総督列伝　イギリスはいかにインドを統治したか』中央公論新社，1999.
林左馬衛・安居香山『茶経』明徳出版社，1974.
松下智『アッサム紅茶文化史』雄山閣，1999.
———，『ティーロード　日本茶の来た道』雄山閣出版，1993.
———，『茶の原産地紀行　茶の木と文化の発生をさぐる』淡交社，2001.
森本達雄『インド独立史』中央公論社，1972.

注

第 1 章　農園主夫人の回想

1＊）　大英帝国の拡がりを示すのに地図上で赤系の色が使われた。

2＊）　Plantations Labour Act of 1951（プランテーション労働法）インド大農園での労働条件，労働者の権利，雇用者の責任などを明記した法律。

第 2 章　中毒物語

1）　Goodwin, *Gunpowder*, 61.

第 3 章　茶道　翡翠色の茶

1）　Hardy, *Tea Book*, 138.

2）　Ukers, *Tea*, II, 398.

3＊）　タイの茶葉を蒸して1～3カ月間重しを載せて漬物にしたものはミエン（Mien, Miang）と呼ばれる。

4）　Ukers, *Tea*, II, 398.

5＊）　ヤクは，チベット，カシミール（4000m 以上の高地）の野牛。

6）　Okakura, *Tea*, 3.

岡倉天心,「茶の本」岡倉天心集 亀井勝一郎，宮川寅雄 編（東京：筑摩書房，1968），p.126.「飲」を「飲」になどの改変を加えている。

7＊）　唐は一般的には618年から907年と言われる。

8）　Lu Yu, Classic, 60.　林左馬衛，安居香山，『茶経』（東京：明徳出版社，1974），p.49. 第一文後半部分は，この茶経では「きっと，真面目で細々と行き届く倹約家の人にむいていることだろう。」となっている。

9）　Wilson, *Naturalist*, 97-8.

10）　Wilson, *Naturalist*, 98.

11）　Okakura, *Tea*, 47.　岡倉天心集，p.127.

12）　Okakura, *Tea*, 44.　岡倉天心集，p.126.

13）　Jill Anderson, は Weinberg and Bealer, *Caffeine*, 36.に引用されている。

14）　Ukers, *Tea*, II, 399.

15）　Ukers, *Tea*, II, 432.

16） Ukers, *Tea*, II, 400.

17＊） ユックは，Évariste Régis Huc, or Abbé Huc,（1813-60）フランス人宣教師。チベット，中国，韃靼などを巡った。

18） Williams, *Middle*, II, 53.

19） このことについては岡倉『茶の本』に優れた記述がある。www.alanmacfarlane. com/tea に茶道についてより詳しく記述している。

20） Frederic, *Daily Life*, 75; Kaisen, *Tea Ceremony*, 101.

21） Weinberg and Bealer, *Caffeine*, 133.

22） Paul Varley in *Cambridge History of Japan*, 3: 460.

23） Morse, *Japanese Homes*, 149-51.『日本人の住まい』165-66.

24＊） 集庵松下堂の看板。『壷中炉談』に「露地清茶規約」という7つの規則がある。

25＊） 岡倉天心集，p.122.

26＊） 岡倉天心集，p.122.

27＊） 岡倉天心集，p.128.

28＊） 岡倉天心集，p.134.

29＊） 岡倉天心集，p.145.

30） Morse, *Japanese Homes*, 151-2.『日本人の住まい』167.

第4章　お茶が西洋にやってくる

1） ここでは簡潔に述べておく。詳細は Macfarlane, *Savage Wars*, 144-9（『イギリスと日本』133-52）及び www. alanmacfarlane. com/tea 参照。（＊船曳建夫監訳北川文美・工藤正子・山下淑美訳『イギリスと日本：マルサスの罠から近代への跳躍』新曜社，2001を随所で参考にした。）

2） Bowers, *Medical Pioneers*, 36.

3） Ferguson, *Drink*, 24.

4） Ukers, *Tea*, I, 40.

5） Dr Nicholas Tulpius, *Observationes Medicae*, Amsterdam, 1641, Ukers, Tea, I, 31-2に引用されている。

6） Ukers, I, p. 32; *Les Grendes Cultures*, p.216.

7） Porter and Porter, *In Sickness*, 220に引用されている。

8） Short, *Dissertation*, 40-61.

9） Lettsome, *Natural History*, 39以降。(レットサム，滝口明子訳『茶の博

物誌』102-03, 106.）

10） Braudel, *Structures*, 251; 統計について詳細は Macfarlane, *Savage Wars*, 145 及び統計数字はウエブサイトにも掲載している。

11） Drummond and Wilbraham, *Food*, 203.

12） Earle, *Middle Class*, 281.

13） Davis, *Shopping*, 210.

14） Kames, *Sketches*, III, 83.

15） Drummond, *Food*, 203 に引用されている。

16） Marshall, *English People*, 172 に引用されている。

17） Ukers, *Tea*, I, 47.

18） de la Rochefoucauld, *Frenchman*, 23, 26.

19） Drummond, *Food*, 204 に引用されている。

20） Wilson, *Stranger Island*, 154 に引用されている。

21） オランダで1660年以降に広まった興味深い茶の消費については Ukers, Tea, II, 32, 421参照。

22） それまでの熱い飲料の歴史やイギリスの中産階級が比較的豊かであったことの重要性は Burnett, *Liquid Pleasures*, 186 で論じられている。

第5章　魔　　法

1） 2002年6月26日付け『ガーディアン』にフラン・エイブラムズによる「ティーバッグのお話し」にこの店の描写がみられる。

2＊） コーナーハウスが最初にロンドンに登場したのは1909年。400人ものスタッフを抱える大規模な店になった。

3） Ukers, *Tea*, I, 46; ライアン・ティーハウスの話は Ukers, II, 414 にある。

4） Burgess, *Book of Tea*, 10.

5） Troubridge, *Etiquette,* II, 2.

6） Messsenger, *Guide to Etiquette*, 66.

7＊） 小さな取っ手のついたカップを持つとき小指をどうするかに困って，曲げるのが解決策だったが，時を経るにつれ誇張された。

8） Maclean, *Etiquette and Good Manners*, 66.

9） Stables, *Tea*, 77.

10） Talmage, *Tea-Table*, 10.

11） Kowaleski-Wallace, *Consuming*, 19 に引用されている。

12＊）　ボーイスカウトの創始者ロバート・ベーデン・パウエルが1910年，イギリスで創始した少女のための教育・社会奉仕のグループ活動。イギリス連邦諸国ではガールガイド Girl Guides とよばれる

13）　Burnett, *Liquid Pleasures*, 49-50, 63.

14）　Williams, *Middle Kingdom*, II, 54.

15）　Ovington, *Tea*, 献辞。

16）　Sumner, *Popular*, 42.

17）　Sigmond, *Tea*, 135.

18）　Stables, *Tea*, 111.

19）　Pascal Bruckner, Burgess, *Tea*, 126に引用されている。

20）　Raynal, Ukers, *Tea*, I, 46に引用されている。

21）　Scott, *Story of Tea*, 195.

22）　Hobhouse, *Seeds*, 1999, 136, 138-9.

23）　Burnett, *Liquid Pleasures*, 51.

24）　広告が Ukers, *Tea*, I, 42に掲載されている。

25＊）　イギリス最大の総合小売業スーパーマーケットで，グループ店舗数は1,779（2005年現在）。郊外型店舗及び最近では都心型店舗で大躍進した。創業者ジャック・コーエンが商売を始めたのは1919年，店舗は1920年代末から。当初 T. E. Stockwell から仕入れた茶を商い，その最初の3文字と創業者 Cohen の名の Co をとって，店名を TESCO とした。

26）　Davis, *Chinese*, 375.

27）　Mintz, *Sweetnesss*, 214.

第6章　中国を凌ぐ

1＊）　本文では Coochbihar と綴られており，Koch Bihar あるいは Cooch Behar とも表記される。

2）　Ukers, *Tea*, I, 300, 464に写真がある。

3）　Gordon Cumming, *Wanderings*, 317-18.

4）　Wilson, *Naturalist*, 93.

5）　Ukers, *Tea*, I, 465に引用されている。

6）　Gordon Cumming, *Wanderings*, 317-18.　藍染料で着色したり，釜炒り茶風に見せかける（本来は時間をかけて釜炒りにすると白っぽくなる）

ために石膏をまぶすことが行なわれていた。

7） Dyer Ball, *Things Chinese*, 644.

8） Ball, *Account*, 352-3.

9） Isabella Bird, *Yangtze*, 142-13.

10） Wilson, *Naturalist*, 95.

11） Ball, *Account*, 354. 通貨単位は左から右へ以下の通り。両（中国で使われていた貨幣単位。一両の銀相当（約37.8g)；銭（両の10分の１)；分（銭の10分の１)；釐（分の10分の１)。

12） アヘン戦争部分は Henry Hobhouse, *Seeds*, 1999, 144-52 に概ね拠った。

13) Davis, *Chinese*, 370.

14） Hobhouse, *Seeds*, 1999, 152.

15） Bramh, *Tea*, 81. 実は姫リンゴほどの大きさで，分厚いどろどろの外皮の中に多汁な白い果肉部分があり，その中に様々な大きさの種がある。

16*） Lord William Bentinck（1774-1839）1828年ベンガル総督。1833年にベンガル総督がインド総督と改められるのに伴い，初代インド総督(1833-35年)。

17*） クマオンと Garhwal ガルワールはヒマラヤ地方の丘陵地。

18*） ウッタランチャル州省都。

19） Ball, *Account*, 334-35.

20*） エジンバラ植物園，チジックの王立園芸協会庭園室内植物局長を経て，中国・台湾・日本を訪問探検し，植物採集及び茶樹のインドへの導入のほか『中国茶産地への旅』(1852)『江戸と北京』(1863) など旅行記を著した。1812年生1880年没。

21） Fortune, *Tea Districts*, II, 295.

第７章　金なる茶葉

1*） 第一次ビルマ戦争は1824年から1826年。1826年のヤンダボ条約でビルマはアッサムとマニプルに関する権利を放棄した。第二次ビルマ戦争1852年。第三次ビルマ戦争1885年から1886年。1886年イギリスはビルマ王国を併合し，英領インドの一州とした。

2*） 1753-1819. 父ジョゼフ・フォーク（1716-1800）は東インド会社官吏。

3*） ベナレスは別称ヴァーラーナシー。ヒンドゥー教の聖地。

4＊）　ショアは東インド会社社員から総督になった（1793-98)。帰国後ティンマス男爵（Baron Teignmouth)。

5＊）　ビンロウジは，ヤシ科の常緑高木の種子。興奮作用がある。

6＊）　マルワリといえば，成功者を輩出する商業民族で，日本で言えば近江商人のように，現実的で商才に長けることで知られる。

7＊）　Maniram Dutta Barua（1806-58）一般的には Maniram Dewan として知られている。

8＊）　アボール（アディ）族はシアン地域，ミシュミ族はロヒット地域，ミリ族はスバンシリ地域，ダフラ（ニシ）族はスバンシリ地域の主要民族。アッサムの先住民は，カチャリ族，アボール族，ナガ族。

9＊）　Ramsay, James Andrew Broun, first Marquess of Dalhousie（1812-60）総督在任中（1847-56）にパンジャブ，ペグーなどを併合するとともに「改革」及び効率化に努め，鉄道建設計画に熱心だった。

10＊）　チェラプンジ　アッサムの西メガラヤにある町。

11＊）　Suddyah と綴られているがアッサムの東端の Sadiya。サディアと呼ばれるのが普通なので，ここでもサディアとした。

12）　Charles Bruce's Report in the *Report of the Agricultural and Historical Society*, 1841, India Office Tracts, no. 320.

13）　Bruce's Report.

14＊）　チョタナーグプルはインド中央部の台地。

15＊）　Hugh Falconer（1808-65）インドの植生や古生物の研究で知られるスコットランド生まれの植物学者・古生物学者。

第8章　熱狂　アッサム1839-80

1）　St Andrews University Library, Scotland.

2＊）　ミアズマは，汚水溜，塵芥場，土中にある腐敗した物質などから発すると考えられていた有毒な気体。病気の原因となるとかつて考えられていた。

3）　Carnegie letters, India Office Library, BL.

4＊）　カチャールはアッサム州にある町。

5＊）　Sir John Peter Grant（1807-1893)。インド行政官及び植民地長官をつとめた。

6＊）　2005年4月現在，1ルピー＝約2.5円 1米ドル＝約43.2ルピー.

7＊） 悪性マラリアの一種。

8＊） Durga Puja と表記される方が普通。ヒンズー教の祭りで，この期間に女神ドゥルガーが里帰りをするとされる。

9＊） Banyan, Banyan tree は，東南アジア，ハワイなどで見られる大きな樹で，1つの樹の枝から気根が地面 に向かって降りていき，地面に達すると根を生やして幹になり，1つの樹で森のような状態になる。

第9章　茶の帝国

1＊） 北宋960-1127　南宋1127-1279.

2） *The March of Islam AD600-800*（Amsterdam, 1988），108.

3＊） ウィリアム・エリオット・グリフィス William Elliot Griffis（1843～1928）フィラデルフィア出身。明治4年（1871），グリフィスは福井藩からの招聘に応じ，藩校「明新館」における理化学の教師となり，東京に移って開成学校（後の東京大学）で教え，1874年にアメリカに帰国した。『皇国』の出版（1876）をはじめ数多くの講演や執筆活動を行い，アメリカにおける日本の紹介と理解に貢献した。

4） Griffis, *Mikado's Empire*, II, 409-10.

5＊） Eliza Ruhamah Scidmore（1856-1928）ポトマック川沿いに桜の植樹（1912年に植えられた）を提案した人物で旅行記作家，写真家，ナショナル・ジェオグラフィック・ソサエティのメンバー。*Jinrikisha days in Japan*. New York, Harper, 1904［c1891］

6） Scidmore, Jinrikisha, 254. エリザ・R・シドモア『シドモア日本紀行：明治の人力車ツアー』外崎克久訳（講談社　2002），p.319 参照。

7） Macfarlane, *Savage Wars*, アラン･マクファーレン，船曳建夫監訳『イギリスと日本：マルサスの罠から近代への跳躍』7章　赤痢，腸チフス，コレラと水の供給　pp.109-24, 9章　糞処理の二つの方法, pp.153-77参照。

8） Morse, *Day* II, 192.『日本その日その日』3：28

9＊） ［本文中には Sir Edward Arnold とあるが，正しくは Sir Edwin Arnold］サー・エドウイン・アーノルド（1832-1904）インドで教鞭をとり，1861年に帰国後『デイリー・テレグラフ』でジャーナリスト，編集者として活躍。テニソンの次の桂冠詩人候補にあがったこともある。彼の3人目の妻は日本人だった。

10） Arnold, *Seas*, 543.

11） Black, *Arithmetical*, 164.

12） Heberden, *Observations*, 34-35, 40-41.

13） Place, *Illustrations*, 250.

14） Kames, *Sketches*, I, 245.

15） ブレインとリックマンについては George, *London*, 329 注103に引用されている。

16） George, *Some Causes*, 333-5.

17） Burnett, *Liquid Pleasures*, 56, 187.

18） Ukers, *Tea* I, 63.

19） Scott, *Story of Tea*, 100, 99; Reade, *Tea*, 65.

20） コロンビア大学神経学名誉教授 M. A. スター博士。1921年ニューヨーク医学記録。Ukers, *Tea*, I,556に引用されている。

21＊） Anthony Burgess（1917-93），小説家，詩人，脚本家，ジャーナリスト，批評家，旅行記作家としてなど幅広い文筆活動を行った。

22） Burgess, *Book of Tea*, 16.

23） *The Lancet*, London, April, 1908, p. 301: Ukers, Tea, I, 554に引用されている。

24） No. 746, 1879年10月25日付けカルカッタの軍医総監つき秘書官あて。Maitland's *Report* 医学関連付録より。

25＊） Carl Reichmann（1859-1937）ドイツ生まれのアメリカ人。

26） *The Lancet*, London, 1908年4月号，pp. 299-300; Ukers, *Tea*, I, 554に引用されている。

27） *Chambers Encyclopaedia*, 'Tea', 481.

28） Reade, *Tea*, 16 に引用されている。

第10章　茶製造の工業化

1） Ball, *Account*, 336, 342, 357-58, 361.

2） *Daily Telegraph, special issue*, 28 February 1938, vii.

3） Harler, *Tea*, 64.

4） Ukers, *Tea*, I, 157-58による。

5＊） ジャクソンが揉捻機を発明したのは1873年と言われている。1887年商品化された（松下智『アッサム紅茶文化史』p.212)。

6＊） 揉捻過程で塊になった茶葉を解きほぐすのが「玉解き」である。これを行い，振り動かすことによって茶葉全体が均一に発酵するようになる。

7） Dyer Ball, *Things Chinese*, 647. これをわかり易く図表にしたものがForest, Tea, 189に載っている。*Things Chinese*, Oxford in Asia Hardback Reprints, 1982［1900］.

8） 情報提供者は匿名でGardella, *Harvesting* に引用されている。

9＊） Hk Tael は，海関両 Haikwan tael 一両の銀相当（約37.8g）。

10） Dyer Ball, *Things Chinese*, 648.

第11章　労　働

1） Money, *The Cultivation and Manufacture of Tea.*

2＊） The Most Honourable George Frederick Samuel Robinson, 1st Marquess of Ripon PC, KG（1827-1909）。1880年インド総督に任命され，1884年まで任務を務める間，インド人裁判官がヨーロッパ人を裁く権利など含む法律を導入した。

3） ヘンリー・コトンのスクラップ・ブック。

4＊） 1882年に Assam Labour and Emigration Act 1 of 1882が制定されその後数度改訂された。the Assam Labour and Emigration Act of 1901は特に重要度が高い。

5） India Office Library, MSS/EUR/F/174より。サンタール族は少数民族。

6＊） オリッサはインド東部の州。1803年にイギリス統治下に置かれるようになった。

7） India Office Library, MSS/EUR/F/970より。

8＊） ブラマプトラ川沿いの町。現在は空港がある。

9） India Office Library, MSS/EUR/F/1036より。

10＊） バーケンヘッド卿：Smith, Frederick Edwin, first earl of Birkenhead (1872-1930), 大法官，インド省大臣；　ウインタトン卿：Turnour, Edward, sixth Earl Winterton (1883-1962),政治家，インド政務次官；ラムジー・マクドナルド：MacDonald, (James) Ramsay（1866-1937），首相。

11＊） ヤンゴンは1942年3月8日に日本軍に占領された。

12） *Pilcher, Navvies of the 14th Army.*

13＊） フコーン谷はミャンマー北部で今日は世界最大のトラ保護区で知

られる。

14） Tyson, G. *Forgotten Frontier*.

15＊） Orde Charles Wingate（1903-44）が作ったゲリラ的活動を行う突撃部隊。

16＊） コヒーマはインドのナガランドにある。

第12章　今日の茶

1） Chatterjee, *Time for Tea*: 参照。他に茶産業の現状については *Guardian*, G2, 25 June 2002 Fran Abrams, ‘The Tale of a teabag’ 参照。

2） ここからの話は，2001年に行った短い調査に基づいている。インタビュー（撮影し，それを使って再分析した）では，話題を絞ったが，それぞれの情報提供者に応じて，追加の具体的質問をした。

3） 撮影し，文字におこしたインタビューの情報提供者の名前は原則的に仮名であるが，スモ・ダスは実名である。

4＊） ドゥーン校はインド初のパブリック・スクール。独立前に弁護士及び総督の執行評議会の一員として目立った活躍をした Mr. Satish Ranjan Das の見解が大きな影響を与えた。

5＊） パイスはルピーの64分の1に相当する通貨単位で，1957年の10進法化によって使われなくなった。

6） これに続く描写は縮約したが主に Hazarika, *Strangers* による。

7） ユニリーバは会社創設1930年。石鹸とマーガリン取扱いの起源を1890年代にもつ消費財会社で，茶関係ではリプトン及びブルックボンドをその傘下にもつ。

8） Hazarika, *Strangers*, 264.

9） 詳しくは Hazarika, *Strangers*, 特に263-4.

第13章　茶と心身

1＊） ジェローム・K・ジェローム『ボートの三人男』丸谷才一訳（中公文庫，1976），p.139.

2＊） ビンロウジはビンロウの種子でキンマの葉に包んで口内清涼剤として噛む。ガンビールは収斂性のある物質でビンロウジとともに噛んだり，皮なめしや染料に使う。

3） Williams, *The Middle Kingdom* II, 54.

4） Morse, *Day*, Ⅱ, 192.モース『日本その日その日』3, 29.
5） ‘Latrines’, *American Architect and Building News*, xxxix, no. 899, 172.
6） Morse, *Day*, II, 192.モース『日本その日その日』3, 28.
7） Godwin, *Gunpowder*, 37.
8） King, *Farmers*, 323,77.
9） King, *Farmers*, 323-4.
10） C76H52O46（化学式）
11） *Encyclopaedia Britannica*, 1910-11, ‘Tannin’ の項目。
12） Ukers, *Tea*, I, 557.
13） Ukers, *Tea*, II, 301.
14） Ukers, *Tea*, I, 547, 514.
15） Ukers, *Tea*, I, 520, 540.
16） H. C. Wood, Jr, MD,（フィラデルフィア外科医術大学薬理学教授）: *Tea and Coffee Trade Journal*, New York, October, 1912, 356.
17） M. A. Stare, MD, コロンビア大学神経学名誉教授（ニューヨーク）*New York Medical Record*, 1921.
18） R. Pauli, PhD, ミュンヘン大学心理学教授。*Tea and Coffee Trade Journal*, New York, July, 1924, 54-56 に引用されている。
19） Ukers, *Tea*, I, 539 に引用されている。
20） Ukers, *Tea*, I, 542 にある表参照。
21） Weinberg and Bealer, *Caffeine*, 16章参照。
22） Stagg and Millin, ‘Nutritional’, 1975.
23） ここでは簡潔な要約にとどめたが，詳細は www. alanmacfarlane. com/tea に示してある。
24） 勿論，マンガン含有量は茶樹が育った土壌に含まれるマンガンの量に依存しており，かなり幅がある。
25＊） Imai, K. and Nakachi, K., *BMJ*, 310 : 693, 1995. 埼玉県吉見町の40歳以上の男性住民の緑茶消費量と動脈硬化指数などの間に逆相関関係が認められることを明らかにした。
26） www. galaxymall. com/books/healthbenefits/greentea. html 参照。
27） ネット上の健康効果報告の概観について www. alanmacfarlane. com/tea 参照。
28） Hylton, *Rodale Herb Book*, 360 に引用されている。

29） 500という数字とその性質についての描写は Ling and Ling, *Green Tea*, 71に見られる。第5章「緑茶の薬理作用」には茶の医学的効果についての最近の研究概観がある。

第14章　魔法の飲料

1＊） Douglas Noël Adams（1952-2001）ラジオ脚本家，作家。Hitchhiker's Guide to the Galaxy series はラジオで始まった。Nutri-Matic は Sirius Cybernetics Corporation の飲料自動販売機。この機械は，人の好みや状態を詳細に検査した上で，飲料を出してくるが，どれも一様に茶と言って良いかどうか判断しかねるような液体と決まっている。

2） Ukers, *Tea*, I, 390-1; Harler, *Tea*, 59, 78; *Chambers Encyclopaedia*, 'Tea', 482.

3＊） キナの樹皮からとれるアルカロイドの一種。キニンあるいはキニーネ。解熱薬で，1930年代に合成の抗マラリア薬ができるまでは唯一の治療薬だった。

4） ラジオ4で2001年7月29日に放送された『水物語』（BBC ラジオ番組）。